与植物一起生活
从零打造复古风花园

Making BROCANTE-Style gardens
live with a garden

[日]松田行弘 著
yukihiro matsuda

花园实验室 组译
周百黎 王丹 亦尘 译

机械工业出版社
CHINA MACHINE PRESS

前　言

在我的店铺、家、办公室都有花园（自己家的那一处空间很小，可能不能叫作花园）。它们分别位于向阳、阴地、阳台的不同地点，哪一处都不宽敞。当然，周围的环境也是各异。虽然有这些地理条件限制，我还是尽可能地建造了花园。我每天工作很忙，有些基本的维护工作未能做到尽善尽美，只能说是勉力维持。但是随着树木在这些地方扎根，经年累月，植物靠着自身的力量固定下来，也就造就了花园的气氛。

我的花园距离完美还有差距，我看到新的植物就会买回来种植，有的植物能够很好地生根，有的又不知什么时候就消亡了。春天花开得很好的紫丁香，突然就令人不解地枯萎了。这样的事情反复循环着。

这样的过程也很有乐趣，虽然植物枯死令人遗憾，但是又多了种植新植物的位置，以及“以后种点什么呢”的选择。想象一下新买回来的树木和蔬菜的苗在那里生长的样子就充满乐趣。开花了，结果了，和孩子一起采摘果实食用，又让人欢欣雀跃。

在有限的空间和条件里，也可以获得丰足的快乐时光，无论你是想挑战自己打造花园，还是想委托给专家造园，在关于花园的事情上稍微具备一些知识和见解，会令造园工作进展得更加顺畅。我希望通过本书能带领没有任何造园知识的人进入花园的大门，由此谱写丰富的人生。希望大家都能拥有和花园在一起的舒心快乐的人生。

松田行弘

美丽的绿叶苍翠繁茂
工作室和仓库

5 月下旬，英国月季“慷慨的园丁”满开的 BHSaround 工作室的花园。这里是我在 2008 年和员工们一起打造的。日照良好，可以种植各种植物。现在，花园里的月季、松田山梅花、素馨叶白英已经长得很大了。

目　录

第 1 章

生活创造花园
和植物一起，和花园一起生活

Your life makes your garden,
living together and nurture your original garden

好的花园是什么样的呢？要打造好的花园需要做些什么？好的花园根据每个人的喜好不同，定义也不一样，我认为好的花园，是可以融入生活的空间。下面我来介绍这种和绿色一起生活，尽情享受花园的复古风格的造园方法。

Matsuda's method 1

松田的造园法

和花园一起生活

我在法国发现的，和植物融为一体的生活方式

在英国学习了花园设计的我，回国后加入了一家花园设计与施工公司，在带有宽阔花园的平房里生活。为了再现我在英国看到的东西，我开始造园。在完成后的花园里招待朋友，享受在木甲板上吃饭和聊天的时间，我渐渐感到花园维护的局限：只靠植物来维持花园长期的美丽是很难的。

正好这时候我访问了法国南部，在那里看到的花园和英国花园的意趣完全不同，随性、自由，植物和街道建筑物调和的风景别具魅力。房屋之间小小的空间也种植了藤本植物，它们爬满墙壁，繁花似锦。狭小的后院里果树枝条上挂着灯笼、装饰品，在收获季节将果实做成食品保存。阳台和玄关上放置了花盆，愉悦着路人的眼目。花园里开放的花朵作为切花来装饰餐桌。就像看电视、吃饭、读报纸这些事情一样，植物融入人们的生活之中。

法国人和植物的这种关系触动了我，我把它也应用到我打造的花园中，无论多么出彩的花园，如果每天维护得很吃力，也就失去了意义。花园是有植物，能感觉到人在经营的空间，比如在小小的停车场边摆放了一盆植物或一把椅子，就是很好的花园，根据自己的生活方式打造花园，来享受有花园的生活吧！

在被绿色包围的花园里享受轻松一刻

每个人在花园里度过的方式都不一样，若设置了饮食空间，就可以在花园里慢慢放松身心。像房间一般的花园小屋，不用考虑季节，更大程度地活用了花园空间。

干净的白色背景烘托出绿意葱茏

设计简洁的墙壁，最适合造园，白色墙壁在阳光下会显得明亮，围起来的空间也会令人感觉比实际看到的更大。

Matsuda's method 2

松田的造园法

我的花园比例

生长的植物，把建筑物和花园联系起来

基本上花园不是独立的存在，而是附属于房子的，需要与房屋协调。中庭的空间符合房屋和室内设计的氛围和颜色，可以呈现出宽阔和统一感。但是，建筑物和花园的气质并不一定要完全一样。我在打造花园时常常听到主人说："我家房子不太好看，请把花园做成外文书里那种好看的样子。"这样房子和花园在风格上各自为政会好吗？其实没有必要担心，掌握植物和建筑物的比例要点，把生长的植物作为缓冲材料，有些不同的风格也是可以融合的。

此外，精心打造的花园、生机勃勃的植物，与建筑物的调和，会让房子看起来更好看。

Matsuda's method 3

松田的造园法

建造有“氛围”的花园

从打造背景开始

让花园的角落变得时尚雅致，只需要摆上喜欢的杂货就可以了。但是建造有“氛围”的花园，是要让在里面生活的人的风格和气质充满整个空间。

所以，要让花园整体有氛围应该怎么做呢？最重要的是基础的构造物。所谓构造物指的是墙壁、地面、花坛、花架、门等，根据花园的条件设置构造物，再把植物合理地种植进去，花园整体的氛围就出来了。在构造物当中，打造背景是要点。花园的背景若是美观的房子或是树林当然最佳，但是在现实中常常并非如此。背景没有必要把花园全部覆盖到，以经常闯入眼帘的部分或是停留休息的地点为中心，遮盖住它们的后方，就可以隔断外面世界和花园之间的联系了。

以美丽的青葱树林为借景

当邻居的生活空间或是道路都一览无余的时候，可以用栅栏或墙壁来遮挡背景。这座花园的背景看起来好像森林一样，实际上墙后面是造园工人的垃圾场，竖立了高墙之后，只看得到树木的绿色了。

Matsuda's method 4

松田的造园法

和恶劣条件战斗

了解自己花园的环境，填充与理想之间的鸿沟

所谓恶劣条件，其实是理想中的花园与现实之间的差距。认真思考缩小差距的方法，即使在条件恶劣的环境里，也有造园的可能性。首先确认自己花园的现状，然后暂时脱离现实，畅想自己希望打造的花园的样子。例如，理想中的花园是香草与繁花盛开的明媚风景，但实际上花园的位置和邻居挨得很近，日照又不好。这时可以用以下四个方法来改进。

1. 引入栅栏或墙壁这类增加空间亮度的构造物。也可以把现有的构造物涂刷成明亮的颜色。
2. 选择耐阴性好的草花。
3. 让绿叶有变化，把彩色叶子当作花一样组合种植。
4. 用花盆管理，定期更换花盆的放置地点，调整日照时间。在稍微明亮的地方种植一部分花苗。

另外，同一处花园里也有日照好和不那么好的地点，在决定排列时要考虑周全。例如，花园的朝向是南向，但是被建筑物包围，建筑物边的日照就较好，植栽地点就应该放在建筑物下。

即使接近地面的地方是阴地，只要视线高度的位置可以晒到太阳，就可以建造栅栏和花架，牵引藤本植物。不过适宜植物生长的环境是既定的，大原则还是要顺应环境，改变造园的方针。

选择符合条件的植物
营造丰盈的绿意

北侧的花园，种植喜好背阴环境的植物为主，就可以绿意丰盈，再作为亮点添加一些彩色的花卉或是盆栽，像这座花园一样，就成功解决了难题。

选择符合主人生活方式的植物

在有限的空间里，立体地种植植物，可以增加植物的数量。但是要注意的是，需要根据主人的管理能力，来制订合理的植栽计划。

Matsuda's method 5

松田的造园法

不要把造园当成“工作”

不仅仅是看起来好看，也要用起来好用的空间

任何事情如果不能带来乐趣就会沦为工作。不要让花园的照料和植物的管理成为负担，重要的是打造好用的空间。我在设计花园的时候，会考虑确保主人的动线流畅和设施的使用便利。比如，花园的路径不便捷，或是水管很远不容易浇水，都会成为问题。有这样的问题就会让人不想到花园里来。

另外一个重要的事情是在造园之前，要考虑人和花园是什么样的关系。应根据家庭构成，兴趣、工作等生活方式，来确定打造什么样的空间。孩子玩乐的草坪、享受下午茶的木甲板、家庭菜园等，这些理想中的花园要素，是否可以在真实的空间里实现，或是为了实现它要做些什么工作，都需要考虑明白。

Matsuda's method 6

松田的造园法

构造物和植物的结合

在大体量的构造物脚下一定要种植植物

这座花园设置了收纳屋和花园小屋代替栅栏来遮挡背景，脚下设置了植栽空间，小屋没有唐突感地与花园合为一体。

营造花园的气氛之外，构造物还有这些作用

栅栏和地板等构造物，是决定花园氛围的重要元素，但是它的作用并不止于此。在狭窄、阴暗、通风不佳、西晒等条件恶劣的地点，只靠植物是很难构建花园的。

通风不佳，可以减少植物的数量，防止闷闭；阴暗的地方，可以把栅栏、墙壁、地板刷成白色，创造明亮的氛围；狭窄的空间，可以用栅栏代替树篱，或是用藤本植物来制造绿色的分量……这样的方法独具匠心。用栅栏围上花园整体就会有压迫感，把一部分做成树篱，让构造物和植物分担各自的功能，有效利用空间。作为花园的构成要素，把植物换成构造物，这样反过来想，就会涌现出好的创意。

Matsuda's method 7

松田的造园法

不费力的造园方式

首先要关注花园里的植物

植物是有生命的，不能完全放任不管。和人一样，它们也需要水和营养，长得过大了还需要修剪。正确选择植物的种类，限定植栽的空间，减少大树的数量，后期养护就会容易很多。种植前换成配比合理的肥沃土壤，可以抑制病虫害的发生。

每天的日常生活里，花园和人的关系是通过感受植物的变化，让生活更丰裕悠然来体现的。连给花浇水的时间都没有的生活，对人也是不好的。太忙了没法在上午浇水，这种情况除了在寒冷的日子，下午或晚上再浇水也是可以的。浇水和有规律的饮食一样，人肚子饿了要吃饭，植物的土干了要浇水，在同样的时间有规律地浇水对植物更好。

植物会回报我们给予它的照料，没必要每天为花园忙个没完没了，保持关注就可以了。每天观察它是不是要开花了，还是有点没精打采了……这样细小的变化，及早发现水分不足、病虫害，早发现早处理，能让损失降低到最低。所以，观察是养育健康植物的第一步。

在阳台上乐享花园生活

以花盆为主的阳台和小径花园，要特别注意浇水。如果小花盆多，不如换成大花盆，这样管理轻松，也有花园的感觉。

Matsuda's method 8

松田的造园法

背阴处和向阳处的关系

不要因为在背阴处而放弃花园！

喜阴的植物有一叶兰和八角金盘等，不可否认的是，如果只种植这类植物是有些乏味的，但是背阴处也可以用植物打造出美丽的风景。巴黎的公园里经常把八角金盘和桃叶珊瑚组合使用，英国则使用新西兰麻和玉簪来塑造立体感。

另外，并不一定北向就阴暗，南向就明亮。与房屋之间的距离会左右花园的条件。土地是湿漉漉的还是干燥的，通风是好还是坏，适用的植物都不一样。基本上种植适合环境的植物，植物的生长状态也会较好。在购买植物之时，根据标签上写着的种植方式以及环境描述来选择吧。在通风、日照好的屋檐下这类干燥环境中，可添加具有保肥力和保水力的腐叶土、堆肥、黑土等来改良土壤，这样更利于植物生长。

根据日照条件合理种植

日照好的屋顶露台，草坪和月季会生长旺盛；有光影的半阴处，蕨类和玉簪以及喜好林下的植物生长更佳。

Matsuda's method 9

松田的造园法

不要勉强，将需求降到最低限度

打造时用减法，管理时心态从容

好不容易造好的花园，都希望打造出的是一个理想的空间。但是受地理条件所限，未必都能如愿。花园的形状、设计、植物选择、管理方法等，所有这一切都不要勉强，不要用力过猛。在狭窄的空间里放上木甲板、草坪、大树……太贪心的做法会让花园变得局促拥挤。种植完全跟环境不符合的植物，植物也不会健康生长。

另外，对植物生病虫害、长杂草等过度反应，也会让人产生压力。植物生病生虫是多少都会发生的事情。为了防止花园病虫害，频繁使用药剂会让人疲惫不堪。花园是让心灵放松的空间，所以我们在造园的时候用减法，维护的时候就会更从容。

在花坛中栽培树木

只要满足最低限度的维护要求，花坛中也可以栽培大树。照片中是在墙壁旁边很小的空间里长大的树木，同样郁郁葱葱。

Matsuda's method 10

松田的造园法

花园也要有室内设计范儿

放入家具和杂货后
花园会更上一层楼

完成构造物设置和植栽后，并不会马上出效果，但用小杂货稍加装点，就能呈现出像咖啡厅一样的氛围，用作花盆架的椅子和桌子，诠释出人和花园一起生活的必不可少的存在。

生长的植物和小物件让花园印象改观

花园造景和室内装潢的差异是花园因为植物生长，风景也会发生变化，栽植的时候要预想到它们未来生长的样子。植物生长的变化乐趣无限，但也会给空间打造带来繁难。地板和墙壁等构造物的颜色和素材多种多样，在注意耐久性的同时，应根据室内装饰的风格来选择。

构造物和植物种植完成后，试着来配置家具和杂货，这些不一定实用的小物件，可以成为花园的亮点，或是给空间带来动感和变化。特别是花园刚完成时植物还很幼小，构造物会很显眼，容易给人刻板的印象。花园配置杂货后，会立刻显得柔和自然，经过数年，用别的颜色重新涂刷构造物，也可以欣赏它的变化对花园整体印象的改观。

第 2 章

法式花园和日式花园的差异

Difference between the making gardens
in France and in Japan.

对于法国人，花园是吃、喝、玩、乐的生活空间之一，稍微有点杂乱，可以让人有放松的自由氛围，更加舒心自在，这样的法式生活，是享受花园乐趣的要诀所在。

French garden style A

法式花园风格

梦境般的法式花园

房屋与植物共存，自然且自由的空间

在造园之余，我为了购买古董旧器具而来往法国已经 10 年了。我会开着货车一天奔走好几百公里，到处收购家具、杂货。不管是像巴黎、里昂这样的大都市，还是乡间的小村庄，都有很多具有历史感的街道，每每看到建筑物与植物和谐共存的场景，视线便很自然地停留其间，按动快门。行道树、花园自不必说，我常常被房屋的间隙、空地、农田、停车场周围以及阳台窗边等这些建筑物和植物平衡共存的光景所吸引。

英国的造园注重理论，超越了兴趣爱好的范畴，而作为一种文化存在。法国当然也有法式花园，但限于宫廷里的造园，并不普遍。没有英式花园那样规定好的风格，人们往往是自成一家地享受着造园的乐趣。

藤本植物缠绕在有历史感的建筑物上，家具、杂物随意地放置着，这样的花园让人感到一种朴素的美。虽然它们并没有被修建得很规整，也并不井井有条。可正因为如此，也没有任何不合理的地方，唯有和谐的感觉。植物、建筑物和杂货以一种绝妙的平衡感存在着，完完全全地融入生活当中。对于我来说，这正是法式花园的魅力所在。

1

2

1. 里昂近郊路边的草场。 2. 普罗旺斯地区特有的石灰岩石墙。 3. 被维护得很好的公共小花园。 4. 通往田间地头的厨房后门栽种着藤本月季。 5. 从停车场到正屋之间高低不平的通道。 6. 喜欢干燥气候的薰衣草。它舒展的生长姿态真是美极了。 7. 树木花草都恣意生长的院子里盛开着玫瑰花。即便有些许杂乱，却有一种秘密花园的风情。 8. 巨大的胡桃树下的木制露台。

1
2
3
4

French garden style B

法式花园风格

与花园共生的生活方式

融入生活中，作为生活空间的花园

每次去法国，我总会造访一些朋友或经销商伙伴的家。他们的家里都有着或大或小的花园，可以看出这些花园的使用方式、布局、栽种、搭配等都是按照他们的生活方式来安排的。不管是哪一家的花园都没有特别设计过，不过是生活在那里的人们一点一点地修建改变而成的。

在阿维尼翁的米歇尔家里，花园里有小孩子用的花房。花房旁边种着遮阴的大无花果树、胡桃树，孩子们会爬到树上摘果子吃，并在花房周围跑来跑去地玩耍。

喜欢植物的劳伦家里有很多多肉植物的盆栽，和古董器物组合在一起，非常有品位地陈列在狭窄的玄关通道上。而住在里昂山里的伊凡家则有带葡萄藤花架的露台，露台旁边有一个宽阔的兼作停车场的花园，可以在里面玩法国很时兴的法式滚球游戏。伊凡说夏令时期间，每个周末都会和伙伴们在那里聚会娱乐。

虽然使用方式因人而异，但共通的是花园是平时经常被使用的空间。法国人非常重视衣食住，尤其享受用餐以及用餐前后谈心聊天的时光，因此对于他们来说，花园是生活中必不可少的场所。

1. 蒙特利马尔附近的民宿的花园。 2. 即使是朴素的小石子路和铁丝网看起来也很可爱。3. 芭蕉、芦荟也栽种在花盆里。 4. 简朴的花房。这里也摆放着椅子、桌子。 5. 我长期逗留时入住过的家庭旅馆的花园。 6. 野鸟喂食器、压水井等成了花园的亮点。

5

6

French garden style C

法式花园风格

造园方面的各种差异

reference 1

植物的选择方法

花园的主角与其说是花草，不如说是绿色植物

日本的花园中心销售的植物种类已经增加到了以前完全无法比拟的程度，所以无论是在法国还是日本，能买到的植物并没有太大的区别，说不定珍稀的品种反而是日本比较多。但是，在某个育苗所内，我非常吃惊地看到在地中海气候下容易生长的树木类，尤其是树龄超过 100 年的橄榄树，种植在巨大花盆里的 2 层楼高的柏树，正在以比日本便宜一位数的价格销售。在法国，人们认为花园的主角是绿色植物而不是花卉，特别是修剪成圆形、锥形或棒棒糖形的整形树。此外、黄杨、月桂、竹子、椰树、地锦等常绿木本在巴黎、里昂等大城市也很受欢迎。

1. 在 7 月强烈的阳光照射下生长的松果菊。 **2.** 逐渐开始变色的西洋绣球花。 **3.** 在日本常常被种植在高速公路旁等处的夹竹桃开得也很漂亮。

reference 2

植物搭配的差异

1. 使用与建筑物同样的石灰岩堆砌而成的门柱。
2. 微风徐来，即便远远的也会散发出芬芳的意大利蜡菊，它的香气和黄色小花给我留下了深刻的印象。

让植物茁壮成长的栽种方式

这是我去拜访住在蒙特利马尔的朋友家时发生的事情。花园的中央种着玫瑰，开着花。我问他：“为什么在这样的地方种玫瑰呢？种在墙边的话，看起来平衡感不是更好吗？”他回答说：“因为玫瑰喜欢阳光，所以把它种在了最向阳的地方。”“那么这棵扁桃树呢？”“因为这里排水很好。”他给了我一个理所当然而且简单利落的答案。

在看到比较随性的法国人的造园后，我逐渐开始认为植物的组合并不是那么重要，而为了植物能够生机勃勃地生长将其种植在适合的地方，才会成为好的花园吧！

走在街上，我常常会看到长期在那个地方生长的植物。它们的样子看起来真的是既和谐又有魅力。

French garden style D

法式花园风格

城市中看到的造园

reference 1

建筑物和花园的关联

利用植物的翠绿为墙面增添美丽的色彩

在像巴黎这样的都市里，常常通过让藤本植物攀爬在墙面上构成绿色的空间。从日本城市的住宅情况来考虑的话，我最想参考的就是这样利用墙面的方法。与房屋具有历史感、墙面也有沉稳味道的法国不同，在建筑物被反反复复拆建的日本很难营造出同样的氛围。但是，通过重新修建墙壁、隐藏壁面、牵引上藤蔓、放置或安装一些东西等，只需要加一点点小创意，氛围就会变得好起来。因为日本以木质结构的建筑为主流，所以虽然很难栽种像爬山虎那样直接在墙面生根的植物，但如果安装上一些爬架就能牵引本身不出根的铁线莲、蔷薇等植物，这样使用植物的翠绿叶子装点墙面就非常可行。不光是墙面，这也是利用屋檐、花架、顶棚的好方法。

1

2

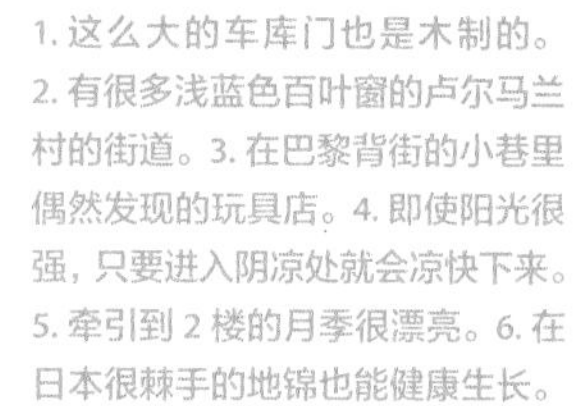

1. 这么大的车库门也是木制的。2. 有很多浅蓝色百叶窗的卢尔马兰村的街道。3. 在巴黎背街的小巷里偶然发现的玩具店。4. 即使阳光很强，只要进入阴凉处就会凉快下来。5. 牵引到 2 楼的月季很漂亮。6. 在日本很棘手的地锦也能健康生长。

reference 2

通道也是花园

如果有植物，小小的空间也会成为放松的地方

高楼间狭窄的小巷、通往停车场的通道等，如果是生活中使用的空间，都可以说是花园吧！在法国的街道上散步的话，会看到即使是像日本的“外部建筑”这样只具备通道功能的地方，也放置着花盆和椅子。这让我学习到即使是那么小的空间也可能成为人们能够修睦、聊天、欣赏植物的“花园”。

在巴黎能够直接把植物种植到地面的空间很少，所以通过盆栽来欣赏植物的情况很多。即便大街上没有什么绿色，只要稍微走入岔道，就会摆放着花盆，建筑物上也会爬着常春藤。而在私人空间里，植物更是越来越多。

1. 巴黎的小巷。植物会让人感受到历史。2. 在日本，往往用混凝土铺修的停车场通道也呈现出一种自然的氛围。3. 在店铺、事务所相邻的背阴小巷里，常绿的盆栽排列在一起。

1. 墙面上不规则地安装着一些花盆托架。2. 普罗旺斯的圣雷米咖啡馆的花架。3. 仿佛与 200 年前的老房子共生的爬山虎。

reference 3

使用植物装饰墙面

和建筑物一起生长，增加深重感的藤本植物

虽然遗留下来的一些古老建筑物被非常珍视地保护着，城镇中石板铺就而成的道路却越来越少，柏油路俨然成了主流。即便如此，在柏油路面和建筑物之间的那么一点点缝隙中却生长着不知道何时何人种下的粗壮的藤本植物。它们仿佛覆盖着建筑物似地茁壮成长，给予街道绿意。通常以地锦、紫藤、常春藤居多，私人区域也会栽种一些藤本月季、葡萄藤、藤绣球。

模仿这样的风格，我想推荐的是络石和多花素馨。我曾在巴黎商店的藤架上看到过它们的身影，它们都不生病虫害，生长旺盛。它们也不选择土壤，从向阳处到背阴处都能适应，还会开放出芬芳花朵，是优秀的常绿藤本。

reference 4

即便空间再小也要修建花坛

在树木和多年生草本植物中加入一年生花草

在日本，一说到花坛，通常由红色、黄色的一年生草本植物构成的比较多，但仅是一年生草本植物的话，就和日本的建筑一样，完全没有味道和情趣。在法国，不管多小的空间，首先要选择能长期生长繁殖的多年生植物和树木来作为基底。一年生的观花植物往往是根据季节栽种在基底植物周围，或种在花盆里放置在花坛旁边欣赏。或许在法国，花只是为了增添色彩而存在。

虽然花坛和花园一样，常常看起来有些杂乱，但总给人一种自然而美好的感觉。自己收集石头垒成花坛，放置一些淘到的小杂货，即使不那么美观却也能富有画面感，独具魅力。

1

3

2

1. 心形的装饰品让整个花坛显得甜美可爱。 2. 淡蓝色的百叶窗和龙舌兰的灰绿色很协调。 3. 松果菊和波斯菊的混栽。

1. 朋友家放有烧烤炉的花园。 2. 会令人犹豫是否要在花园里使用的漂亮桌子。 3. 石壁喷泉、昂迪兹地区的花盆和雅致的灯笼营造出怀旧气氛，令人印象深刻的露台。

reference 5

在有露台的花园里放上一张桌子

将露台或木甲板变成第二个起居室

在法国，花园也是居住空间的一部分。就像没有桌椅的房子是不存在的一样，花园里也理所当然地放置着椅子和桌子。法国的夏天到晚上 10 点都很明亮，在外面度过的时间长，在花园里吃饭也是常有的事情。一年之中，4~6 个月都可以在花园里享受饮茶和就餐的乐趣。而日本和法国的气候不同，人们在花园里很舒服的时间比较短。不过在花园里放上桌子和椅子后，度过的时间应该会变多吧？我在设计花园的时候，一定会留有让人可以休憩的空间。即便只有一张桌子，不管看起来还是用起来都会不错。即使有露台和木甲板，如果那里什么都没有的话，功能上也会减半。

reference 6

值得学习的院门布置

用让人感到岁月流逝的原材料营造出厚重感

到了法国的乡村，会有很多被防盗高墙和篱笆包围起来的独栋房子，并且一定安装着大门。最多见的是在石头和砖块搭建的左右对称的门柱上，安装着铁制或木制大门。在日本常用的缺乏时间感的铝制或熟铁门在法国非常少见，铁制的门扉通常有固定的形状，反复涂刷多次的涂料会产生出一种厚重感。门柱上常常会有成对的杯状装饰或其他装饰物。此外，也经常能看到一些藤蔓植物被牵引成拱门形状生长。

门牌、邮箱等给人一种只要满足功能性就好的感觉，并不十分讲究。法国人和日本人的差异，只看看门周围的布置就知道了。

1. 比较少见的稍微有些时尚设计的门扉。**2.** 左右对称的木板门。**3.** 最常见的门结构。**4.** 在喜欢植物的家庭看到的乡村风格的木门。**5.** 比门宽高出许多的某家门柱。**6.** 在尼斯看到的牵引三角梅生长的门扉。

2

1

3
4
5
6
1
22

reference 7

玄关也是一处花园

如果有高度差，狭窄的门廊也可以像花园一样

宿舍或者公寓那些城市里的房屋是没有大门的。玄关面向街道，空间上也非常有限。其中，我喜欢的是经道路上去走过数个台阶再到玄关的结构。如果台阶上摆放着花盆，或者道路旁生长着植物的话，即使是狭窄的空间也会给人私人领地的感觉，让人好像在花园里一样。另外，如果有简单的铁制扶手，即便没有门也能清楚地察觉到私域的边界线。同时，门和外墙的颜色使用也是值得学习的地方。白色系的外墙配上柔和的中间色门，会给人明快清爽的印象；相反如果是灰色调的门，则能让外观看起来更沉稳。

1. 白色拱形门衬托着绿色，给人一种清洁和温暖感。 2. 稍微歪斜的台阶和爬山虎的浓密叶子柔和了围墙的高度。 3. 在巴尔扎克家乡的街上看到的独栋房子。 4. 我喜欢的玄关构造之一。

4

reference 8

通过盆栽来感受花园

享受单品种盆栽而不是组合盆栽的乐趣

即使在法国，对于生活在都市里的人们来说，带有花园、能将植物直接栽种到地上的房子也是难得的。尽管如此，为了享受种植植物的乐趣，人们还是会有效地利用容器进行栽种。法国人在容器的使用上也极具特点，通常不太会用在日本颇受欢迎的组合盆栽。比如大花盆里简单地种上常绿的黄杨、月桂、柠檬以及竹子等，并把它们左右对称地陈列起来。观花植物的话，也会把天竺葵、矮牵牛单独地种在大花盆里。相反地把很多花盆杂乱地凑在一起摆放的情况好像也很多。

容器也和造园一样，基本上是一种“随意摆放喜欢的东西”的想法。搭配上植物以外的招牌、摆件、艺术品，可以享受到陈列展示的乐趣。

1. 花盆的种类、大小和摆放方法都各有不同。 **2.** 日本黄杨的整形树并排摆放，遮挡了视线。 **3.** 古董杯状花盆配上蜡烛。

1. 栽种在大花盆里的紫藤盛开，覆盖住了阳台。 2. 在围栏的扶手上摆满了长方形塑料花盆，有效地利用了空间。 3. 借景街道树木，用常绿树木来遮挡视线的阳台花园。

reference 9

在阳台上享受花园的乐趣

使用常绿树木和花园家具营造阳台房

法国似乎没有像日本那样在外面晾晒衣服的习惯，所以阳台、露台都能有效利用起来。这里仍然是以常绿树木为中心，其间点缀观花植物的风格比较普遍，给人和谐的印象。在尼斯朋友家的住宅楼里，椰子、柠檬、天竺葵的盆栽搭配了藤编沙发和矮几。而住在巴黎的熟人的公寓里，虽然只摆放了种着竹子的花盆和长凳，但从那里俯瞰下去是大片铅灰色的巴黎城区屋顶，反而给人一种简洁利落的印象。在巴黎从道路向上看就会发现，被植物覆盖的阳台，摆放着花园家具和花盆等的阳台随处可见。即便是在都市的阳台上，植物和家具也成为一种必需品。

reference 10

窗边也可以成为盆栽花园

即便是小小的窗边，也可以享受与植物共生的生活

即使是纵深仅有 20cm 的窗台空间，也证明了“只要有创意就有绿意”这个说法。石头和混凝土结构的墙壁有一定的厚度，而且法国的窗户全都是朝内开的，在和墙壁厚度一样深的窗台空间里放置花盆，房间里自不用说，路过的行人也可以欣赏到它们。

在日本，虽然个人住宅的外墙上可以安装托架固定花盆，但如果是住宅楼，由于外墙是共有的部分，即使购买了物业产权，想要安装花盆托架也不太可行。独栋房屋的话，面向花园的二楼窗边的日照条件应该比一楼的花园更好。虽然普遍了一点，种些常春藤和一年生植物的组合，或是香草和蔬菜苗的厨房花园也很不错！

1

2

3

4

1. 绿叶的分量感和天竺葵的红色呈现出绝妙的平衡。 2. 只是把喜欢的花盆摆放起来。 3. 窗户像画框似的，衬托出矮牵牛的可爱。 4. 令人喝彩的空中花园。

第 3 章

通过造园
让生活变得更充实

What we can do by doing GARDENING
to have good quality of life.

开始和花园共生的生活，就会发现自己的生活范围一点点地变大了。可以和家人一起欣赏花开和收获蔬果，享受在花园里吃吃喝喝的时光。虽然因为有了花园而增加了不少必做的园艺工作，但喜悦也会越来越多。

life style garden 1

融入生活的造园案例

充满欢声笑语的起居花园，让花园生活成为日常

阳光充足、排水良好、有适度通风的花园是让植物生长的绝佳环境。配合着明快的欧洲风格的建筑物，一个以白色和茶色为基调，简单而温馨的花园大功告成！

充满自然感的第二起居室

这座花园有一个直通餐厅的主花园，一间小小的室外房间，以及客用停车场等多个空间元素。土地方向朝南，虽然条件很好，但缺点是从道路上可以把整个空间看得一清二楚。不过我们通过修建一圈木制栅栏解决了这个问题。在主花园里设置了遮阳的花架，以及一个L形石板堆砌而成的长凳，长凳的凳面使用了与地板同材质的材料来统一。收纳园艺用具的杂物间的外观让人联想到法国乡村小屋，特征鲜明，不但具有实用性，还起着画龙点睛的作用。

由于东侧邻居家的地面很高，需要加高遮挡视线的隔墙。如果用木板栅栏覆盖的话，会产生压迫感，所以使用了有一定高度的扁柏树绿篱来呈现出自然的氛围。扁柏较深的叶色也很好地衬托出前方的绣球花和蓝莓的树叶。

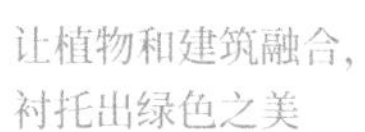

让植物和建筑融合，衬托出绿色之美

从餐厅看到的木甲板露台。栅栏旁种着灌木和多年生植物，从室内也能欣赏到绿意葱茏。杂物间有遮挡花园外电线杆的目的，修建得稍微大一点。墙面和屋顶上攀爬着铁线莲。

花园草图

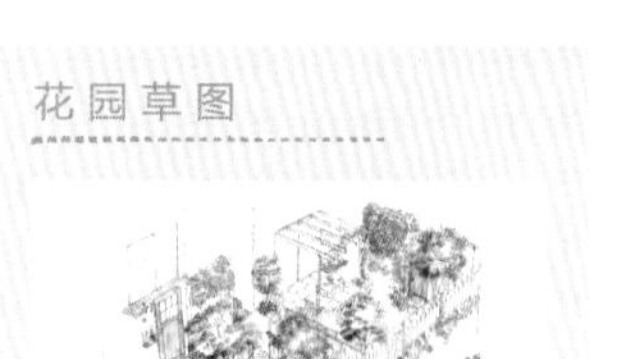

花园简约温馨，木制的栅栏、形状不规则的石材柔和了生硬的印象。

数据

所在地：神奈川县
占地面积：约 200m²
花园施工面积：约 60m²
工期：总计 45 天
构造物：墙壁、栅栏、门扉、扶手、停车场、通道、露台、花坛、台阶、木甲板、花架、杂物间、汲水处
使用材料：小石子、石头、红松木、重蚁木、合成树脂涂料、草坪、混凝土、熟铁

在户外起居间享受优雅的下午茶时光

这是主人举办红茶教室时使用的木甲板露台。晴天的时候，可以通过在花架上方盖上手工制作的遮光帘调节阳光。

生机勃勃的绿色植物让访客心情舒畅

从停车场上拾级而上，映入眼帘的是这样的风景。给人温柔印象的月季、香草会让访客觉得赏心悦目。金属的小物件、小提灯等小物品的摆放也非常绝妙。

用植物的生气柔化人工材料给人的印象

混凝土地基和木栅栏之间植入迷迭香、旋花、花叶地锦能够柔和建筑物生硬的印象。楼梯的扶手是向铁匠订购的。凸显出铁艺质感的简单设计是其魅力所在。

绿叶环绕的又一个房间

与起居室相连的花园深处部分，设计成了木甲板空间，打造了一个小小的室外房间。由于这里位于对面的房子可以完全看到的位置，所以选择修建墙壁来遮挡其视线。室外房间和花园的地面相差 40cm，这样墙壁高度就需要达到 210cm。因此，我们修建了与长凳一体的花坛，并将花坛里栽种的植物作为围墙使用，这样既不会产生压迫感，也确保了作为墙壁的功能。在这种情况下，推荐使用健壮且易管理的常绿植物。在此处选择了生长旺盛、茂密葱郁的迷迭香。

玄关前方是欧式风格，甜美的氛围让人印象深刻。为了避免铺在花园地面上的石材、小石子和门廊上使用的方形瓷砖搭配在一起不协调，所以统一使用了茶色系。

客用停车场由于有“希望很自然，像花园似地展现给人看”的要求，所以在地面上随机地嵌入形状不规则的石材，并在缝隙间铺上了草坪。

通过简洁的造园，
呈现明快爽朗的印象

上面的照片是玄关前的空间，下面是修建在起居室前木甲板上的长凳。木甲板外侧的墙壁配合正屋以砂浆完成，中间做成砖头造型并粉刷成白色。为了不让人感到狭窄，所以尽量设计得简单一点。

注重私密性的小小茶室

木甲板花坛里种的迷迭香十分茂盛，有遮挡外界视线的效果。这是一个非常适合和家人一起享受下午茶、读书等乐趣的空间。

使用的植物和材料创意

使用的植物

○主要树木

由于建筑物在高地上，从下面看的话，会感觉挡土墙和建筑物很大。因此，选择了四照花、丁香、橄榄树等大型树木，并在停车场种植草坪等来增加绿色植物的数量，使之和建筑物的大小相协调。杂物间攀爬着的铁线莲柔和了建筑物给人的印象。覆盖栅栏的花叶地锦也是为了达到同样的效果栽种的。

四照花

梣树

橄榄树

加拿大唐棣

乔木绣球“安娜贝尔”

迷迭香

山绣球“黑姫”

栎叶荚蒾

绣球

常春藤

○主要花草

筋骨草、景天属植物等地被植物用来填补细小的缝隙。它们强健易管理，且能承受一定程度的踩踏，所以非常适合。在挡土墙和栅栏之间种植的旋花属植物是为了柔和挡土墙的印象而栽种的。它们不但很强健，还会随着生长下垂，茎的长度甚至可能达到 5m。

月季

德国鸢尾

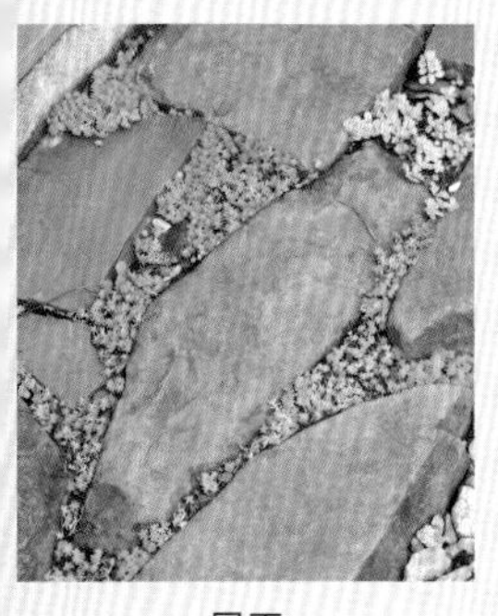
景天

旋花

花叶地锦

筋骨草

材料创意

关注动线使用频率的设计

关于花园的地面、通道和停车场等动线部分的地面是使用碎石片铺就而成的，其他地方则铺满了小石子，台阶也铺上了同类型的石片。使用频繁的玄关通道以砂浆接缝，而使用频率相对较低的杂物间前的台阶使用景天接缝，停车场用草皮接缝，配合用途选择了不同的接缝材料。木甲板花坛是用加入了钢筋的砖头堆砌而成并用砂浆造型的。仅仅粉刷的话，难免单调乏味，所以做成砖头效果以增加趣味。

小石子、碎石片铺地（砂浆接缝）

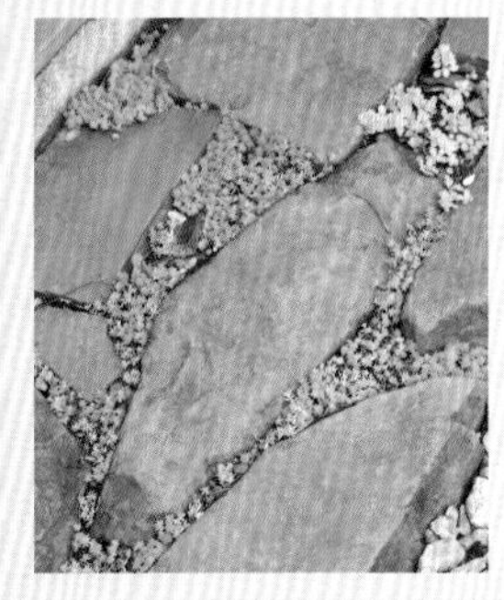
碎石片铺地（景天属植物接缝）

砖头效果的砂浆粉刷

木栅栏

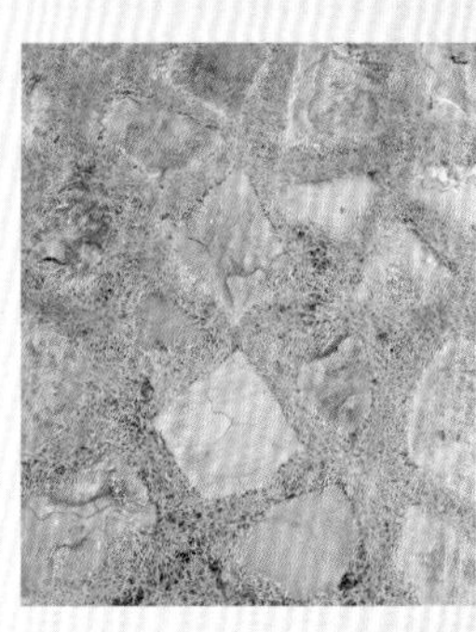
碎石片铺地（结缕草接缝）

使用旧木材制作的门

台阶和扶手

其他使用的植物名单

○树木

涩石楠、柏树、黑莓、百里香、醉鱼草、薰衣草、绣球藤、丁香、月季

○多年生草本植物

荷包牡丹、天竺葵、庭菖蒲、玉簪属植物、蔓柳穿鱼、铁筷子、德国鸢尾、草皮

life style garden 2

融入生活的造园案例

为孩子们打造的草坪花园，花开蝶舞的休憩场所

修建的构造物唯有把周围围起来的栅栏和门扉。简单的构造使空间充满了开放感。阳光普照下的草坪花园非常适合孩子们天真无邪地玩耍。

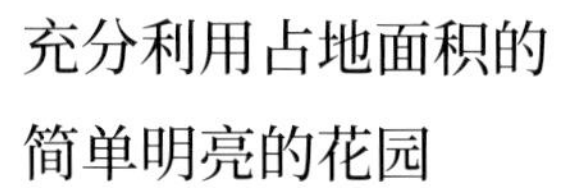

充分利用占地面积的简单明亮的花园

铺满了绿油油草坪的空间里，当季花卉竞相开放……这是一个无论是谁都会憧憬的阳光灿烂的花园。面积宽广的花园如果只栽种树木和花草的话，栽种株数会需要很多，后期管理也会变得很麻烦。鉴于这个花园日照、通风、排水都很好，是最适合草坪生长的环境，除了玄关通道的石板地面以外，全部铺上了草皮，并把花草以及宿根花卉集中种植在了靠近栅栏的地方。

周围围起来的栅栏的高度是不规则的，这样可以营造出一种轻松的氛围。配合法式乡村风格的正屋的木板门，我把它们刷成了浅灰色的。如果用栅栏围住所有的地基，有可能会产生压迫感，所以和停车场的隔断部分改用了柏树绿篱。为了让花园一侧看不到车辆，我挑选了有一定高度的植株。

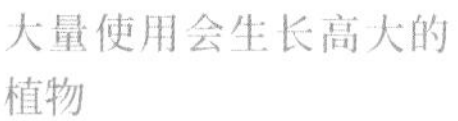

大量使用会生长高大的植物

由于占地面积很广，使用有高度的植物和分量充盈的植物来增加体量，花园会很好看。在百花争艳的花园里，有时也会看到蝴蝶来访。

花园草图

L 字形的花园内，将对南侧区域进行施工，西侧则计划以小石子和砖头铺装地面。

数据

所在地：神奈川县
占地面积：约 260m²
花园施工面积：约 80m²
工期：总计 14 天
构造物：栅栏、通道、门柱、门扉、花坛、停车场
使用材料：松木、日本铁杉木、石头、碎石、橡木

各有特点的植物让栅栏附近看起来葱郁繁茂

以栅栏为背景，种植了中低高度的树木、宿根花卉、一年生草本植物。植株高的植物、低的植物、地被植物组合起来高低不同，更具有立体感。日照和通风太强的话，容易伤害到植物，因此栅栏也起着遮光、挡风以及遮挡视线的作用。

在花园的最好位置放置花园家具

在能看到整个花园的位置放上怀旧风格的花园桌子，蓝绿色调完全融入了花园的翠绿。有访客的时候，可以在这里享受下午茶时光。

让花园杂货、小物件融入花园中

园主很喜欢古董，因此把收集来的煤油灯、铁栅栏的一部分很随意地摆设了起来。就连生了锈的小三轮车也很有存在感。

通过杂货和建筑物营造出细节

配合普罗旺斯风格的正屋，构造物使用了古董以及旧木材。杂货、小物件基本上都装饰在玄关旁边，花园则展现栽种的植物之美。从玄关到门口的通道铺上了仿古石，而门外和停车场则铺满了碎石。

通过植栽，打造绿意盎然、温馨惬意的花园

这座房子的挡土墙使用了砖墙。栅栏设在距离砖墙约 50cm 的内侧，栅栏前面也保留了栽种植物的空间。因为位于高地上，栅栏外面承受强风，部分植物容易失去生机，所以要选择耐干燥且强健的植物。我使用的是迷迭香、旋花属植物、百脉根属植物、澳洲迷迭香等，也推荐蔓马缨丹、蜡菊属植物。随着植物的生长，无机质的挡土砖墙会被隐藏起来，栅栏的高度自然也会变得不起眼了。

门扉使用了旧橡木木材做柱子，安装了法国生产的古董铁门。园主自己收集的铁艺部件、旧三轮车等杂货随处可见，造就了纯朴又温暖的花园。

光蜡树的翠绿柔和了空间印象

只有建筑物和栅栏，会给人一种单调乏味的印象，加入高大的光蜡树后给人一种柔和的印象。鲜艳的绿叶熠熠生辉。

有效地使用组合盆栽、悬挂盆栽

门柱上爬满了薜荔，邮箱的下面也栽种了迷迭香、百里香等常绿灌木。由于季节变化灌木会变得萧瑟，所以又使用了悬挂盆栽、组合盆栽以及镀锡铁制作的字母板来装点门扉周围。

使用的植物和栽种技巧

使用的植物

○主要树木

标志树苦楝被称为“阳伞树”，是一种成熟后会横向伸展的树木。5 月的淡紫色花朵，冬天像念珠一样成串的果实都很可爱，推荐种植在它能舒展生长的地方。光蜡树是为了隐藏地基旁边的电线杆而栽种的。涩石楠和蓝莓起着衔接花草和树木的中间树的作用。

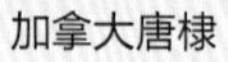
加拿大唐棣

苦楝

澳洲迷迭香

柏树

光蜡树

涩石楠

蓝莓

西番莲

○主要花草

克利夫兰鼠尾草、山桃草能表现高度，天竺葵、柔毛羽衣草、欧活血丹覆盖地面，中间高度的风铃草、秋牡丹则可连接这些有高度的植物和匍匐植物。停车场使用的过江藤、飞蓬、百里香等地被植物营造出了一种自然的感觉，也将停车场的碎石和花园里的仿古石和谐地衔接了起来。

山桃草

秋牡丹

白车轴草

天竺葵

百脉根

飞蓬

薰衣草

过江藤

栽种技巧

○通过使用颜色和形状各异的植物增强节奏感

把叶片颜色、形状不同的植物进行了组合。由于绿色叶片比花多，所以即使栽种多种颜色的花朵也不会感觉不协调。将山桃草、绒毛卷耳、柔毛羽衣草、天竺葵等植物混栽呈现出自然感，而紫叶风箱果和山桃草则用深红褐色叶片和粉色的花相互衬托。紫色的风铃草和木槿明亮的叶子互为补色，给人更加深刻的印象。

配合了背景的高度

使用混色营造自然感

使用深红褐色叶片进行衬托

有效地运用银色叶片

使用补色加深印象

使用下垂性的植物隐藏砖墙

其他使用的植物名单

○树木

醉鱼草、橄榄树、山梅花、柠檬马鞭草、百里香、穗花牡荆、月季

○多年生草本植物

棉毛水苏、金光菊、筋骨草、黄水枝、苔草等

life style garden 3

融入生活的造园案例

配合法式怀旧风格的室内装饰，让梦想中的花园重现

这是一个雅致而怀旧的私人花园，仿佛再现了法国古老小镇的风景一般。在毫无浪费的空间里，精挑细选的花盆里种着色彩雅致的花朵，美得令人难以挪开视线。

遮挡视线的墙壁营造出微妙的风景

喜爱法国古老街道的园主的愿望是在花园里再现那样的风景。因此，我选择了通过最大的建筑物即墙体的造型，来表现法国的古老街道。

实际上，这堵墙是为了隐藏建筑用地外的造园垃圾放置场而设。由于把墙壁整体做成同一风格会有压迫感，所以东侧和左侧正面使用石灰完成，右侧正面则是做成了石砌风格。我对想要完全遮挡住背景的左侧墙壁进行了加高，并通过使用两个小窗户增加了变化。右侧的墙壁为了借外面绿色的景做得稍微低一些，这样从安装了古董格栅的窗户也可以看到绿色了。墙壁边上种着葡萄，长大后会缠绕在铁质花架上。穿过葡萄叶漏下的阳光应该会给这个雅致的法式花园注入新的风情。

在小空间里会起到很好效果的藤本植物

在小花园里有效地使用藤本植物很重要，石灰墙壁与铁栅栏营造氛围，其上攀爬着葡萄藤和铁线莲。将来，它们还会缠绕到安装在墙壁上的花架上，透过树叶间隙射下的阳光令人向往。

花园草图

在地基设置挡土墙，把花园地面抬高 50 cm。

数据

所在地：东京都
占地面积：约 105m²
花园施工面积：约 18m²
工期：总计 35 天
构造物：墙壁、花架、露台、杂物间、水栓
使用材料：小石子、石头、钢筋、砂浆、熟铁、松木

墙上安装的小窗户使空间更富有意趣

为了能够遮挡视线，墙壁高度做到了2.4m。由此而生的压迫感通过安装窗户得到了解决。攀缘在窗户上的铁线莲令空间看起来仿佛经过了无数的岁月。

通过构造物的大小来获得空间的平衡感

为了使修建在西侧的杂物间不让人感觉压抑，特意将其做小了一些。通过把杂物间做小一些让石砌风格的墙壁看起来很大，以此强调了它的存在感。

减少地面高度差
以此营造纵深感

垫高花园的地面，与室内地板的高度持平，以此演绎出法国建筑的氛围，并营造出纵深感。

使用的植物和材料创意

使用的植物

○主要树木

狭小的花园里树木数量有限，因此需要选择能衬托建筑物的品种。主角是红花七叶树和橄榄树。巨大的红花七叶树连接着借景的绿色，消除了墙壁的压迫感。在墙尽头邻居家看得清清楚楚的台阶附近栽种橄榄树进行遮挡。攀缘性植物葡萄、铁线莲牵引到墙上，与之浑然一体。绣球和铁线莲都选择了花色素雅的品种。

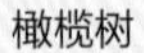

橄榄树

绣球

铁线莲

红花七叶树

铁线莲

○主要花草

如果缺少纵深感，植物在面前铺开的话会让人感到狭窄，因此我稍微控制了花草的数量。在树下配些花草，栽种了铁筷子和鼠尾草。为了让整个空间统一成雅致的氛围，我使用了浊色、深色等色彩上有微妙差异的花草，营造出沉稳的感觉。再加上经过严格挑选、各有特色的花盆，一个令人印象深刻的花园就完成了。

铁筷子

药用鼠尾草

葡萄

鼠尾草

天竺葵

材料创意

○石砌风格的外墙营造出怀旧气氛

决定这个花园风格的是石砌风的外墙。我建造了钢筋为结构的墙壁，以砂浆造型出石砌风格。从墙上可以看到外面绿色的位置安装了法国的古董格栅，打造出纵深感。杂物间的门扉和小窗经过做旧加工，有了岁月感。地面以石板为主，仅在杂物间前采用了小石子以增加变化。

杂物间

做旧粉刷

古董栅栏

小窗

铁杆花架

古董格栅

古董灯

装饰盆栽或花园用的小石子

石砌风的砂浆造型

粗糙的方形石板铺地

有高度差的外墙

其他使用的植物名单

○树木

绣球藤、迷迭香、百里香

life style garden 4
融入生活的造园案例

通过杂货陈列，打造令人难以忘怀的花园

这是一个种植了落叶树和耐阴性灌木、地被植物的背阴花园。以耐阴性的多年生植物为主，绿意盎然的栽植和长满苔藓的旧砖形成了仿佛历经漫长岁月似的和谐氛围。

阳光透过落叶树洒下的光影非常美丽，郁郁葱葱的背阴花园

这是位于住宅楼一楼的背阴花园。园主希望对至今为止放在阳台上管理的植物进行整理，并让可用于栽种的地面空间作为花园发挥作用。构造物只有栅栏和地面铺装，作为造园来说是非常简单的。院子的周围用涂成灰色的格子栅栏围起来，其中一部分使用了木板。我设计了陈列花园杂货、艺术品、花盆的角落，通过用墙壁作为背景，杂货的布局变得容易多了，存在感也得到了提升。从入口处向里走，地面用比利时生产的旧砖小路展现宽阔感，内侧铺满了浅驼色的小石子。

在树木遮住阳光的背阴花园里，推荐使用耐阴性强的中低树木和地被植物。有个性的多年生草本植物会将背阴花园点缀得多姿多彩。

配合空间，装饰小件旧物品

老旧的法国红酒瓶架挂上陶土花盆，放置于通道旁边；自然风格的儿童椅子当作放花盆的台子，以制造出高低差；花园里随处可见的小物件成了点睛之笔。

花园草图

从室内出来需要穿过阳台，从中间的台阶走下来。

数据

所在地：神奈川县
占地面积：约 36m²（专用部分）
花园施工面积：约 25m²
工期：总计 12 天
构造物：栅栏、通道、室外机盖、装饰栅栏、立式给水栓
使用材料：旧砖、石头、松木、日本铁杉木

栽种丛生株型的树木，增加花园整体的纵深感

将丛生株型的加拿大唐棣、桴树、灌木蓝莓隔开一点栽种，就会让人觉得立体而有纵深感。

布置上具有存在感的花园杂货

花园用地的一半使用了已有的栅栏。生长茂盛的滨柃遮挡住了栅栏。栅栏前放置的仿古鸟盆成了这个空间的焦点。

充满宁静魅力的背阴花园

透过树叶缝隙照射下来的阳光中，旧砖小路两侧的黄水枝、筋骨草、铁筷子等随着季节开出可爱的花朵，展示美丽的姿态。旧砖的接缝处使用了沙土填缝。

WP

使用的植物和栽种技巧

使用的植物

○主要树木

作为主角的加拿大唐棣和日本小叶梣柔软的树枝随风摇曳，颇具魅力。因为它们是落叶树，所以使用了滨柃以及缠绕在格子栅栏上的常春藤等常绿植物，让冬天的花园也有绿色。有大树的花园里总会有很多背阴处，中低灌木则选用了绣球和蓝莓等耐阴性强的植物。

加拿大唐棣

松田山梅花

蓝莓

滨柃

泽八绣球

日本小叶梣

绣球钻地风

常春藤

蓝莓

○主要花草

通过黄色、深红褐色叶子以及有斑纹的叶子等树叶纹理和叶色差异进行对比，突出了彼此的个性。由于花园深度不够，砖块通道也很狭窄，所以避免使用有分量感的植物。想象着砖头小路旁零零星星地开放着小花的风景，使用了堇菜、淫羊藿、黄水枝、野芝麻、重瓣鱼腥草、天竺葵等会蔓延生长成垫状的植物。

筋骨草

黄水枝

天竺葵

大戟

耧斗菜

铁筷子

栽种技巧

○因地被植物的组合而丰富多彩

将个性不同的植物组合起来，就会形成缤纷多彩的花园。日本蹄盖蕨、黄精、矾根等形状和叶色不同的植物组合，能给人多彩多姿的印象。淫羊藿和铁筷子等叶子颜色相似而形状不同的植物组合，营造出和谐的氛围。展示杂货的古董风格桌子，是在 WONDERDECOR 购买的。

绿色的渐变

与低矮灌木的搭配

以景天属植物填缝

不同形状的叶片

因叶片带斑而显得明亮

容器陈列

其他使用的植物名单

○树木

八角金盘、乔木绣球“安娜贝尔”、铁线莲、紫竹、素馨叶白英、小木通

○多年生草本植物

小蔓长春花、鱼腥草、淫羊藿、野芝麻等

life style garden 5

融入生活的造园案例

与宠物一起度过幸福的时光

这是一个把“想让爱犬在花园里玩耍”的想法化为现实的半开放式的花园。起居室延伸出的木甲板露台充满自然感，在透过树叶射下来的阳光下，可以看到自由奔跑的爱犬们的身影。

人和狗狗都能玩乐
绿意盎然的木甲板露台

清理了因高大树木而过于繁茂的花园，确保了花园养护工作以及 2 只爱犬自由玩耍的空间，这座花园就是基于这两个条件来改建的。改造前花园里原有的高大树木——日本紫茎、野茉莉、四照花都被移植到了新的花园里，宿根花卉和季节性的花卉集中栽种在作为标志树的日本紫茎周围，藤蔓类的葡萄和藤本月季、铁线莲、素馨花则牵引到了建筑物上。通过限制植物栽种的场地，确保了空间的清爽简洁。

我在连接玄关的通道和后门安装了门，给地面铺上了木甲板和瓷砖。这样爱犬们就可以在家里和外面自由地来来去去了。而且，我还在木甲板的中央放上了花园桌子，设计了享受用餐和下午茶乐趣的地方。完成后的空间私密合理，让人和狗狗都能放松。

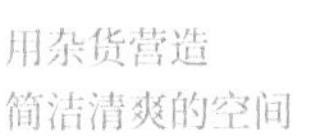

用杂货营造
简洁清爽的空间

园主是一间人气杂货店的老板。花园里到处都装饰着古董风格的野鸟喂食器、玻璃器皿等有品位的杂货。

花园草图

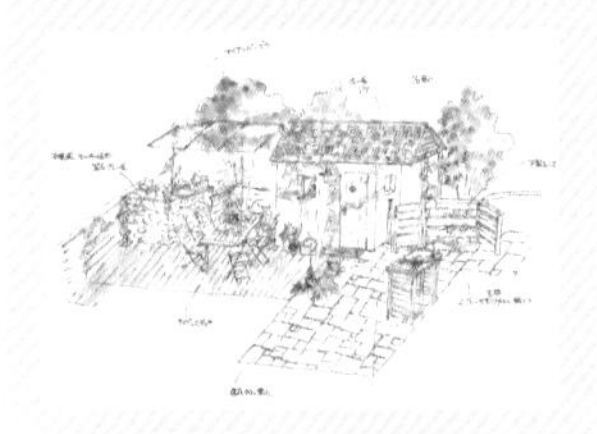

花园的地基加高约 40cm，使室内和木甲板的高度一致。

数据

所在地：东京都
占地面积：约 200m²
花园施工面积：约 40m²
工期：总计 40 天
构造物：墙壁、出入口、木甲板、露台、洗碗池、杂物间、栅栏、台阶、自行车停放处、花架、花坛
使用材料：瓷砖、石板、柏木、砂浆、熟铁、枕木、砖头

使用瓷砖和木甲板营造出简洁和温馨感

杂物间的入口前铺上了和玄关门廊同样的瓷砖以统一氛围。如果全部使用瓷砖的话会给人生硬的印象，所以场地的一半铺上了木甲板。

确保木甲板和地面种植空间充足！

原本想要种植花草的地方，但是为了狗狗又想选择铺上木甲板。我在位于木甲板区域的日本紫茎周围设计了地栽空间，解决了这个难题。杂物间安装上架子，也有了陈列杂货的地方。

通过油性着色剂的色调制造出长年使用的质感

木甲板和栅栏的木材涂刷了具有防腐作用的油性着色剂。白木风化后会变成灰色，混合油性着色剂可以表现其质感。

VCF

正面空间也配上满满的绿色

房屋正面的植物栽种空间，种上了香草和地被植物。小屋的外墙牵引了藤本月季，屋顶和墙壁以后应该会被月季花装点得多姿多彩。

混合风格的杂物间成了正面的亮点

杂物间的彩色玻璃窗令人印象深刻，里面收纳着园艺用品、烧烤用具等。我没有把它设计在花园内侧，反而安排在了道路一侧，这样不但实用，还具有遮挡视线的功能。杂物间旁边设有台阶，成为通往花园的出入口。屋顶使用了北欧流行的石板瓦，门把手和彩色玻璃都是英国古董，而合页和小窗则是法国制造的。墙壁是以法国、西班牙、意大利常用的石灰系砂浆完成的，门扉是“BROCANTE”原创的混合风格。木栅栏配合南欧风格的建筑使用了藏青色涂料粉刷，但杂物间的门配合小窗的黑色边框采用了灰色涂料粉刷。用黑色系的颜色来收紧空间，使花园不会显得过于简单。进入杂物间后，正面就是彩色玻璃，美丽的图案令人赏心悦目。

正屋和花园杂物间的白墙衬托出绿色

方向朝南的房屋外观整体以白色为基调，映衬着绿色，给人一种清爽的印象。此外，采用了自然原料的壁材增添了一丝亲切温暖的感觉。

可以享受到收纳和陈列乐趣的漂亮杂物间

杂物间的内壁被粉刷成了白色的，非常宽敞舒适，也可以作为小小的陈列场所使用。彩色玻璃是英国古董。

使用的植物，栽种和材料创意

使用的植物

○主要树木

日本紫茎、野茉莉、四照花是把原本花园里有的植株挖出来移植的。落叶树的移植在休眠期的冬天进行最适宜，若在盛夏移植需要把叶子全部摘下来，强制其进入休眠状态。如果是常绿树，避开盛夏和隆冬吧！白鹃梅、无毛风箱果、藤本月季都栽种在比木甲板低 40cm 的地面上，这是我为了能在木甲板上欣赏绿色植物而想出的办法。

无毛风箱果

白鹃梅

橄榄树

日本紫茎

野茉莉

葡萄

○主要花草

“能欣赏花的空间”也是主题之一。外面的花坛和野茉莉、日本紫茎树下都被打造成栽种空间，并种上了季节性的花卉。由于栽种面积小，所以塞得很满，为了不给人乱糟糟的印象，选择了娇小可爱的品种，花色也以同色系的颜色进行了统一。葡萄风信子、绵枣儿等能从冬天欣赏到春天的球根植物也隐身于各处。

铁线莲

乔木绣球

半边莲

百可花

蓝盆花

庭菖蒲

栽种和材料创意

○建筑物搭配上植物呈现自然感

地面铺上了木甲板和瓷砖，就看不到泥土的环境了。月季配小屋、葡萄配花架、铁线莲配栅栏等，让藤本植物攀爬到建筑物上来增加绿色的比例，营造出了立体感和自然感。外墙的砂浆造型是石砌风格，微微加上纹理便韵味十足。自行车停放处的地面使用了枕木和现有的砖块，赋予了质感。

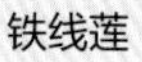

铁线莲

日本四照花

黑莓、月季

薰衣草、百里香

月季、天使之泪（*Lindernia grandiflora*）

月季、法兰绒花

黄铜水龙头

法国古董小窗

旧木材架子和三角铁支架

砂浆造型（石砌风格）

枕木和砖头

其他使用的植物名单

○树木

白鹃梅、加拿大唐棣、蓝莓、山梅花、花叶地锦、葡萄、多花素馨、迷迭香

○多年生草本植物

蔓柳穿鱼、景天、葡萄风信子、花韭、绵枣儿、鹅河菊、香蜂花、铜锤玉带草等

life style garden 6

融入生活的造园案例

植物鲜活的前花园，以芬芳的香草来引路

前花园是能品味到被树木环绕之愉悦的绿色通道。被木栅栏包围其间的中庭是可以畅享私人时间的治愈空间。树木的翠绿会滋润着生活的每一天。

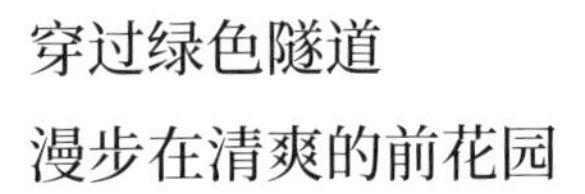

穿过绿色隧道
漫步在清爽的前花园

这是一个基于“想建成以前到访过的意大利的风景”这一愿望，引入了橄榄树、薰衣草、柠檬等地中海型植物的花园。

正面部分从道路到玄关有高度差，为了让通道也成为花园的一部分，我拉长了距离并加宽了台阶的间距，以营造出一种悠闲的氛围。想象着在绿色中穿行，两侧栽种了柠檬和白千层等常绿性的树木。因为它们都是会长高的树种，所以要定期修剪来控制其生长。玄关前的花坛是以有一定高度的光蜡树为中心栽种的，遮挡住了从外面可以一眼望见的玄关四周。

露台和玄关前一样，都是从道路上可以看得很清楚。因为既想遮挡外部视线又想确保通风良好，所以把木栅栏的木板内外交错安装成了类似墙的样子。

利用花朵和翠绿来改变建筑物的印象

攀缘在中庭栅栏上的绣球藤（“蒙大拿”铁线莲）是一种强健易栽培的品种。微微带粉的花朵给人可爱的感觉。旋花和迷迭香把栅栏和挡土墙衔接了起来。

花园草图

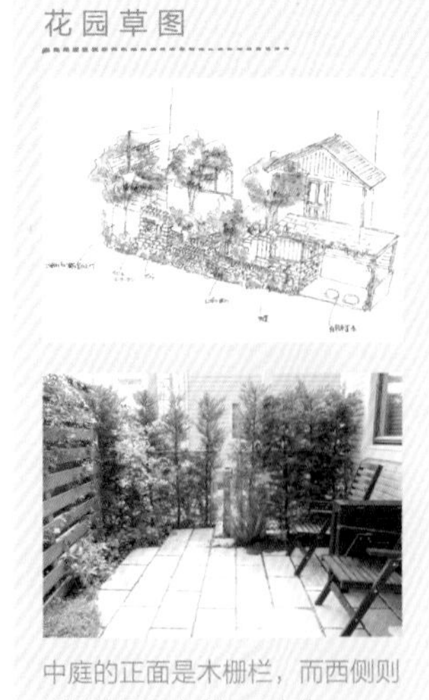

中庭的正面是木栅栏，而西侧则以绿篱围起来增加了变化。

数据

所在地：神奈川县
占地面积：约 175m²
花园施工面积：约 95m²
工期：总计 50 天
构造物：墙体、栅栏、出入口、停车场、通道、露台、花坛、台阶、门柱
使用材料：小石子、枕木、柏木、石头、砖头、合成树脂涂料、草坪

利用纵向生长的树木遮挡外部视线

为了让中庭从外面难以看清，我在通道两侧栽种了白鹃梅和互叶白千层。虽然互叶白千层长大后可达 4~5m，但由于栽种的地方位于建筑物的地基之上，生长会受到限制。

以常绿树木为中心的女儿节人偶架式的栽种方式

正面的花坛纵深约为 1.2m，因此能够栽种成女儿节人偶架的样式。后方是光蜡树，中间是齿叶溲疏、美洲茶，前面栽种了向上生长的花草，边缘则是下垂生长的植物。

使用的植物和材料创意

使用的植物

〇主要树木

从外面能看得清清楚楚的玄关四周和露台旁，使用了常绿的树木遮挡视线。玄关前使用了光蜡树，而露台旁边则选择了柏树。另外，分别使用了小蜡树、澳洲迷迭香遮盖建筑物的地基，匍匐植物迷迭香覆盖挡土墙，柔和了建筑物坚硬的感觉。作为标志树的橄榄树栽种在了最引人注目的地基转角处。

丁香

加拿大唐棣

小蜡树

迷迭香

灌木迷迭香

百里香

绣球藤

光蜡树、珍珠绣线菊

莱兰柏

齿叶薰衣草

西班牙薰衣草

其他使用的植物名单

〇树木

美洲茶、山梅花、乔木绣球“安娜贝尔”、沙枣、白千层、柠檬、香桃木、素馨叶白英、常春藤、栎叶绣球、芙蓉菊、白鹃梅

〇多年生草本植物

筋骨草、婆婆纳、大戟、景天、百子莲、草皮等

○主要花草

根据园主的愿望，花园大量使用了香草等地中海型植物。铁筷子选择了绿色的花色。可以说整体上没有选择甜美风格的植物。栅栏下的阴影部分，栽种了耧斗菜属植物作为亮点。玄关台阶上小小的种植空隙里种上了百里香、薛荔等匍匐植物来覆盖地面。

绒毛卷耳

铁筷子

旋花

耧斗菜

山矢车菊、薰衣草

鼠尾草

材料创意

○制造时髦印象的材料选择和使用方法诀窍

正面台阶的砖头以窄面朝上，营造出一种时髦的氛围。有小种植空隙的那一级台阶使用砂土填缝，其上一级台阶纵横平行相通的直线接缝看起来有明亮之感。露台旁台阶的台面配合住宅的地基，使用了粗糙的方形石板材。与瓷砖不同，打造出柔和、随意的印象。

不同种类的接缝

台面为石板材的台阶

木板内外错开的栅栏

纵横平行相通的直线接缝

小石子和枕木

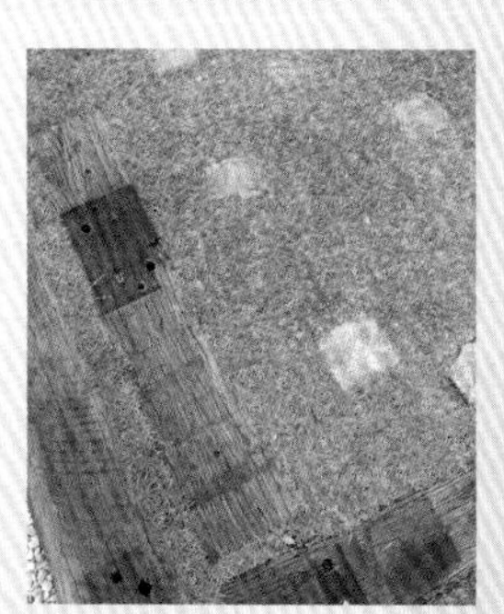
草坪和枕木

life style garden 7

融入生活的造园案例

大人和孩子都可以自由享乐的私人治愈空间

这是一个充分利用四面被建筑物包围的环境修建的私人花园。孩子们可以坐在木甲板上玩耍，大人们尽情地享受下午茶时光，秘密基地似的空间让每个人都感到兴奋快乐。

把被建筑物包围的用地变成一个私人空间

打造这个四面被房屋包围的空间时，主题是孩子们可以玩乐的秘密基地似的花园。正因为四周被包围着，所以能够作为私人空间有效地利用。从室内下台阶就可以到木甲板上。涂着藏青色油漆的栅栏和邻居家的墙壁颜色相搭配，将花园和邻居家的建筑物融合，消除了不协调感。栅栏的上部加入了建筑工程用的铁丝网，并使常春藤和亚洲络石攀缘其上。若是木质的格子结构，不管怎样都会显得很有分量感，容易有过分装饰之感，但用了铁丝网，就给人干净利落的印象。

我在木甲板上设计了高低落差，东侧修建了加宽的L形长凳。由于宽长凳下有3台空调室外机，所以这是为了隐藏空调而设计的。

为了减少管理的麻烦，我稍微控制了植物的数量，要欣赏季节性花卉的时候，就用临时盆栽来装点。

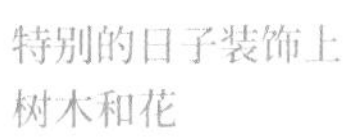

特别的日子装饰上树木和花

有访客时，可以陈列盆栽的树木和花。比如，往古董篮子里放入新风轮菜和矮牵牛。在光蜡树的树荫下放置有斑纹的香桃木来增加亮度。

花园草图

没有在墙壁一侧设计栽种空间，尽量确保了场地的宽阔。

数据

所在地：东京都

占地面积：约100m²

花园施工面积：约22m²

工期：总计15天

构造物：栅栏、木甲板、汲水处、花坛、长凳

使用材料：柏木、松木、日本铁杉木、铁丝网、木片、石头

北侧的花园特意使用了暗色，给人沉稳的印象

对于容易造成暗沉印象的北侧，我特意搭配了藏青色的深色栅栏，筛选了绿色植物，力求打造出雅致的空间。天气好的时候，只要在桌子上铺上桌布，瞬间就能变成开放式咖啡店。

宽敞的木甲板不需要在意视线，打造多功能使用空间

如果加上防水油布的话，空间会变得更有私密氛围。这里使用的是兼具遮光性和通风性，轻便易打理的遮光专用防水布帘。

使用的植物和材料创意

使用的植物

○主要树木

为了减少维护所需的劳力，我对种植数量进行了限制并使用了常绿树木。栽种在木甲板深处的光蜡树既是标志树，同时也有遮挡邻居家阳台的功能。此外，木甲板上的植物种植在花盆中方便管理。修剪整形过的黄杨非常醒目。带斑点的香桃木有使空间看起来明亮的效果。盆栽树木的移植需要补充肥料，每两三年进行一次。

光蜡树

黄杨

亚洲络石

香桃木

常春藤

材料创意

○配合空间条件进行的材料选择和设备设计

地板使用的是柏木，而栅栏用的是松木。柏木抗白蚁性能强，在坚硬耐久的木材中是比较容易加工的材料，推荐用于因风吹雨打容易受损的地板。这样的木材不刷防腐剂直接使用，1 年半后就变成了非常有质感的颜色。椅子兼具收纳功能，可以收放玩具等。原创的防水油布设计成了三角形，给人一种轻便的印象。栅栏上安装了 5 处挂钩，可根据太阳的方向移动防水油布。

地板

收纳

铁丝网

防水油布

其他使用的植物名单

○树木

柠檬、地中海荚蒾、绣球、涩石楠、灌木迷迭香

○多年生草本植物

玉簪、铁筷子等

life style garden 8

融入生活的造园案例

浪漫的法式风格，绿意盎然的花园

这是位于住宅楼 7 楼，阳光很好的 L 字形阳台花园。混凝土地面搭配毛玻璃栅栏的无机质空间通过绿化形成了自然的氛围。从起居室眺望的景色也变得出众了。

近距离感受绿色的起居室花园

打开起居室的窗帘，阳台上满是绿色。这是虽然身在房间里却可以享受绿色生活的空间。主要的构造物是木栅栏和木甲板，它们掩盖了人工痕迹。和木栅栏一样刷成白色的大型花盆安放在 3 个地方，植物都集中栽种在了那里。花盆的深度约为 60cm，不过因为加高了木甲板的高度，因此能看见的部分约为 30cm，这样就不会让人感觉到花盆的高度了。

为了使花园总是充满绿色，植物是以强健的常绿树木为中心进行选择的。为了遮挡成为背景的住宅楼而选择的橄榄树，也成了这个花园的标志树。想展现出季节感的时候，可以放上花草的组合盆栽来欣赏。配合空间的氛围，花色以白色为主。为了在阳台上也能放松而安放的木质长椅成了这个空间的亮点。

花园草图

如果导入人工土壤及浇水装置、绿化系统的话，即便是有限的土壤也能让植物郁郁葱葱。

数据

占地面积：约 $30m^2$（专用部分）
花园施工面积：约 $20m^2$
工期：总计 8 天
构造物：栅栏、木甲板、花坛、露台、台阶、自动浇水装置
使用材料：柏木、松木、小石子、石头、人工土壤、绿化系统

以绿色和白色为主色调的简单花园

配合室内装饰，阳台也能呈现出让人感觉到优雅的简洁氛围。园主收藏的兔子摆件展现出一种成年人的可爱。

营造明亮和谐的绿色空间

叶片小小的亚洲络石缠绕在格子栅栏上，既绿化了空间又确保了光线。阳台空间全部做成白色会显得过于简单，所以长椅和地板都没有刷漆，灰色调呈现出和谐的气氛。

安装台阶以确保前往阳台的动线

由于西侧和南侧的阳台地面有坎，所以我安装了木制的台阶。如果使用人工土壤的自动浇水装置，就可以省却浇水的麻烦，减少了每天的负担。我推荐忙碌的人使用这个装置。

使用的植物和材料创意

使用的植物

○主要树木

因为是在风势很强的环境，我主要使用了植株不会长太高，耐干燥的常绿树木。浇水使用了自动浇水装置，电池型的 6 万日元（约 3400 元）左右就可以买到。

橄榄树

亚洲络石

羽衣薰衣草

灌木迷迭香（银叶）

○主要花草

若想要表现出季节感，可以摆放盆栽的花草。配合室内装饰，以白色系的花来进行搭配。这个空间能让人感觉到是起居室的延伸。

繁星花、福禄考

蓝蝴蝶

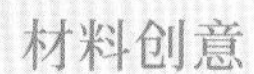

材料创意

○仿佛是房间的延伸似的白色基调的阳台

地板使用了柏木，长椅是柚木的。我使用了木栅栏覆盖铝制网状毛玻璃栅栏，表现出自然感。配合室内，我把木栅栏刷成了白色的，以此连接起房间和阳台，强调空间的宽敞感。阳台的西侧转角是采光处，我选择做成格子栅栏，并让亚洲络石攀缘其上。卧室一侧安装了白色的栅栏，地面是铺满了石板和小石子的简单风格。

格子栅栏

墙壁

木栅栏

小石子和石板材

其他使用的植物名单

○树木

迷迭香、蓝雪花、常春藤、瑞香、蓝蝴蝶

life style garden 9

融入生活的造园案例

想拥有一片菜地，可享受收获乐趣的家庭花园

花园的主角是硕果累累的季节性蔬菜。香草、宿根花卉等覆盖着前往玄关的通道，枝繁叶茂，将脚边点缀得色彩缤纷，热闹非凡。周末在花园里尽情地享受打理、收获蔬菜的时光。

每天都想品尝的新鲜蔬菜和果实

红透了的迷你番茄和种在与邻居家边界处的黑莓。黑莓在半阴处也能结出累累果实，用蓝莓或加拿大唐棣来代替它也行。

田地和通道的植物把整个花园填满了绿色

颗粒整齐的迷你番茄、变色了的茄子，这个花园中央的主角是会结出果实来的菜地。园主的要求是“想开辟一块田地”和“让从停车场往上走的通道有一种柔和的氛围”。因此，我为了配合菜地朴素的氛围，选择使用自然素材打造了一个温暖的花园。

停车场铺上了颜色比较明亮的小石子，避免给人冷淡的印象。到玄关的通道加宽了台阶并加入了转弯以给人一种宽敞的印象，并且两侧都设计了栽种植物的空间。考虑与植物的协调，挡土墙使用了碎石片来表现自然感。

因为是隆起的土地，这个地方排水和日照都很好，非常适合做成菜地。在种植区域里，我加入了混合着腐殖土的富含营养成分的土壤。

花园草图

我将花园里日照最好的地方做成了菜地。木甲板周围种上滨柃将之围起来。

数据

所在地：神奈川县
占地面积：约 220m²
花园施工面积：约 90m²
工期：总计 40 天
构造物：墙壁、栅栏、栏杆、停车场、通道、田地、花坛、台阶、杂物间、汲水处、门柱
使用材料：小石子、石头、柏木、橡木、杉木、仿古砖、枕木、合成树脂涂料、草坪

茁壮生长的植物把花园装扮得鲜艳多彩

为了实现轮作对田地进行了划分，交替种植最理想。另外，为了避免连作障碍，不可连续种植同一科的植物。下面的照片是从2楼阳台看到的花园。素馨花覆盖住了整个小屋，它的绿色充满了野性。

兼具遮挡视线功能且可以存放很多东西的小屋

对于会使用到各种工具的田间工作来说，存放工具的空间是必须有的。小屋上攀缘着素馨花和铁线莲。茂盛的绿色会覆盖住附近无法完全隐藏起来的邻居家。

以木栅栏、栽种带营造出自然感

小石子铺成的停车场嵌入了形状不规则的石板和枕木，我在木栅栏一侧的脚下种上了植物来装点动线。木栅栏是为了隐藏旁边的车棚而安装的。

使用生长旺盛的植物填埋通道

玄关通道的两侧是栽种区域。因为高地排水和日照都很好，所以每种植物都生长得很旺盛。我种植的植物有百脉根属、旋花属植物、薰衣草、迷迭香等。门柱使用了旧橡木木材，还安装了灯和门牌。

使用的植物和种植要点

使用的植物

○主要树木

加拿大唐棣是这个花园的迎客树。滨柃成了隐藏木甲板下缝隙的外墙。修剪可以不分季节进行。素馨花覆盖住了杂物间，形成了一种自然的氛围。

加拿大唐棣

滨柃

素馨叶白英

○主要花草

花草栽种在玄关通道的台阶两侧，可以一边走一边观赏。为了整体上显得很自然，我选择了匍匐植物以及会横向蔓延生长的植物。

百子莲

过江藤

百脉根属

种植要点

○能收获的田地从改良土开始

对于田地来说，好的土壤是必需的，土壤不好的话，就需要进行换土。营养成分不均衡，排水和保水的平衡被破坏了，就容易产生病虫害。较大的杂物间是为收纳支柱、地膜等工具和资材而修建的。通往田地的通道是用砖铺的，而连接房屋的通道则铺满了碎石块和小石子。

小屋

田地

砖头通道

碎石块台阶

其他使用的植物名单

○树木

柏树、涩石楠、四照花、日本山梅花、西班牙薰衣草、鸡麻、多花素馨、黑莓、常春藤、过江藤、薜荔、藤本月季

○多年生草本植物

德国鸢尾、铁筷子、玉簪属植物、荆芥属植物、旋花属植物、景天属植物等

第 4 章

选择植物的方法
和成功的栽种技术

How to choose plants and how to create
a successful planting plan.

植物的选择和栽种是花园施工的最后阶段。在只有建筑物的空间里加入绿色，花园就会一下子充满了生机。这里介绍的是配合植物的作用、环境和条件来选择植物的方法。选择适合自己花园的植物，打造出一个生机勃勃的花园吧！

无论大小，都要打造成漂亮美观的花园
通过 5 个构成要素来成功选择植物

选择自己喜欢的植物，若是胡乱地栽种是打造不出美丽花园的。
抛去花园的大小和朝向等因素，在选择植物时也要有一定的方法和顺序。
根据这里介绍的 5 个构成要素，打造出有立体感且均衡的花园吧！

按照大→小的顺序选择植物，打造出均衡的花园

为了打造出一个漂亮美观的花园，在适合的地点均衡地栽种植物非常重要。根据植物的大小和作用的不同，从主景树到攀缘植物分成 5 个构成要素进行栽种以形成花园的框架。在考虑栽种场所的条件、植物特征的同时，每一个角落都按照构成要素①标志树 · 主景树→④地被植物，从尺寸大的植物到尺寸小的植物的顺序来选择植物。构成要素⑤攀缘植物被牵引到墙壁、花架等位置高的地方的情况比较多，因此与①标志树 · 主景树同时选择比较好。

按照①～⑤的栽种方法搭建出花园的框架以后，再逐步增加一年生草本植物和观花植物，就能营造出一个能享受到季节感的均衡空间了。如果不考虑植物的特色而胡乱栽种的话，花园不但无法达到均衡，植物枯萎的情况也会有很多，所以我推荐按照这个方法来决定花园的框架。如果构成框架的植物枯萎了，花园就会始终处于一个不健康的状态，植物和建筑物不能融合协调，这样的花园就没有精气神。所以让植物好好地扎根，花时间培育出一个好花园吧！

按照 5 个构成要素来打造自然的花园

从主景树到地被植物、攀缘植物，只需对植物进行均衡的配置，就可以打造出和谐而自然的花园。

攀缘植物

藤蔓植物、匍匐植物

这里主要指缠绕在栅栏、花架、墙壁等建筑物上的藤蔓植物。为了让花园呈现出更加自然的氛围，希望至少种植一种。因为它们生长迅速，体量突出，在狭小的空间里有时也会以攀缘植物为主景树。

标志树 · 主景树

中低树木

这里指角落里最大的主要树木或者花园的标志树。需要先选择栽种的地方，再选择符合该地方条件的树种。每一个能够栽种的角落都需要主景树，但是未必需要选择乔木。

中层树

中低树木

这里指比标志树 · 主景树略小，作为辅助存在的树木。标准是 1.5m 以上的高度。它的存在是为了连接主景树和林下花草，如果主景树是常绿树的话，中层树就可以选择落叶树，配合地点条件来综合考虑比较好。

地被植物

多年生草本植物、宿根花卉、地被植物

这里指植株高度比框架植物矮的植物，它们可以覆盖种植区域和地面的连接部分，营造出自然的氛围。由不含一年生草本植物的多年生草本植物、宿根花卉、球根植物等构成。使用同种植物进行群植的情况比较多。

框架植物（灌木层）

灌木、多年生草本植物、宿根花卉等

框架植物具有连接中层树和地被植物的功能，大概的标准是 1.5m 以下的植物。因为需要优先考虑植株大小，所以不管是灌木还是多年生草本植物均可。它们会给人一种非常繁茂的印象并为花园增加动感。

构成要素① 选择适合作为标志树·主景树的树木

这是花园、角落的主要树木。眺望整个花园，考虑哪里需要高大的树木。比如“玄关旁想要一棵能遮挡视线的大树”，“如果要遮挡视线的话，需要高约 3m 的常绿树木”，于是从列表中选择符合条件的光蜡树作为主景树。同样，每一个角落都先选择出主要的大型植物。在考虑花园日照条件等的同时，“想要会开花的树”“想做成欧洲风”……也把想要打造的花园氛围纳入考虑当中吧！

无论花园是宽是窄，栽种都需要有大小的节奏感。但如果是小花园不需要大型树木的话，主景树不从这个类别中选择，而是从后面的中层树和框架植物中选择也可以。另外，也可以从 p114 开始的列表中选择。

日本小叶梣

Fraxinus lanuginosa f. serrata

木犀科梣属　落叶乔木

最终树高：5~10m
花朵观赏期：4—5 月
果实观赏期：5—6 月

有一棵树就有一个院子

剪下树枝浸泡到水里，水就会变成蓝色，在日本也被称为青木佛。成熟后，它的树干纹理会变成白色和灰色的条纹。其丛生的株型既会给人清爽的印象，又会呈现出野趣盎然的氛围，所以非常容易出效果。在西晒强烈的地方，夏季也会出现叶片日灼病和树枝枯萎的情况。日本小叶梣是雌雄异株植物，雌树的翅果是暗红色的，也很漂亮。会变红的叶子也是其魅力之一。

油橄榄

Olea europaea

木犀科橄榄属　常绿乔木

最终树高：3~4m
花朵观赏期：5—6 月
果实观赏期：9—11 月

推荐给初学者的乔木

正面是灰绿色，背面是银白色的叶子让油橄榄给人一种西洋风格的印象，在日本非常受欢迎。它很强健，适应土壤的能力也很强，即使附近有不同品种的树，成熟后的油橄榄也会结出果实。虽然北侧、半阴处也可以栽种油橄榄，但会出现不再开花，叶子变少等情况。虽然它虫害很少，但天蛾的幼虫和象鼻虫会啃食树干，需要特别注意后者。它最适合初学者种植。

银白杨

Populus alba

杨柳科杨属　落叶乔木

最终树高：20~30m
花朵观赏期：3—4 月

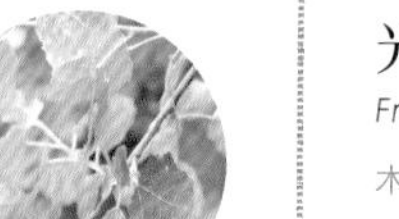

在法国也很流行的树

银白杨的树叶背面是银白色的，即便远观，其独特的树叶颜色也非常醒目，和其他树木相比显得异常美丽。在法国当地也经常能看到它。银白杨的英文名为“White Poplar”。它生长得非常快，尽量种植在宽敞的空间里，一年修剪两次比较好。虽然树形不整齐，可重剪，但是不推荐栽种在狭窄的地方。秋天树叶会变黄。

光蜡树

Fraxinus griffithii

木犀科梣属　常绿乔木

最终树高：10~15m
花朵观赏期：5—6 月

不管怎么修剪都好看

光蜡树是近年来在日本被广泛种植的常绿阔叶树，以前是作为观叶植物流通的。由于它在常绿树中叶子薄而小，给人一种沉稳的印象，所以在城市里特别受欢迎。它具有生长强健，耐阴性强的特点。因为它柔和的绿色可以常年欣赏，病虫害少，无论剪哪里都会形成美观的树形，所以非常适合初学者种植。

金叶刺槐

Robinia pseudoacacia 'Frisia'

豆科刺槐属　落叶乔木

最终树高：10~15m

花朵观赏期：5—6 月

能够切实地感受到生长的迅速

从春天到初夏，金叶刺槐的嫩芽会变成黄色，再渐渐变成明亮的黄绿色，特别的美丽。之后它也会一直长着明亮的黄绿色叶子。我把以前栽种在家里的金叶刺槐移植到店里已经过去 15 年了，但每年它都会让我欣赏到新绿。由于金叶刺槐生长很快，容易被台风刮倒，所以一年需要修剪 2 次以上。虽然它会开出和紫藤相似的白色花朵，但如果修剪的话就不会开花了。可对它进行重剪。到了秋天，树叶会变成黄色。

红花七叶树

Aesculus carnea

七叶树科七叶树属　落叶乔木

最终树高：7~8m

花朵观赏期：5—6 月

想尽情地欣赏美丽的花朵

它是欧洲七叶树和北美七叶树的杂交品种。5 月左右，淡淡的红花在整棵树上盛开，非常漂亮。虽然红花七叶树生长比较缓慢，不需要修剪，并且幼树时就会开出很多花，但是最好栽种在比较宽敞的地方。夏季高温干燥有时会引起树叶变色、落叶的情况，但对树木的长势并没有影响。黄刺蛾（参照 p187）可能会附着其上，需要注意。

日本四照花

Cornus kousa

山茱萸科　山茱萸属　落叶乔木

最终树高：5~10m

花朵观赏期：6—7 月

果实观赏期：9—10 月

强健的造园必需品

日本四照花可以欣赏树形、花、红叶、果实，并且生性强健，作为园艺树木来说是平衡性很好的树木。比起近缘种的大花四照花，花也更素雅。夏天干燥的话，叶片周围会枯萎并变弱。由于黏土土壤会造成它生长不良，因此最好对土壤进行改良。虽然病虫害少，若是树木长势不佳的话，吸汁类害虫会诱发煤污病、天牛幼虫附着等情况，需要注意。推荐初学者种植。

香港四照花

Cornus hongkongensis

山茱萸科山茱萸属　常绿乔木

最终树高：约 5m

花朵观赏期：6—7 月

果实观赏期：9—10 月

树形细高不占地方

香港四照花是在同属中很少见的具有耐寒性的常绿树木。它不但会开出很多花，而且和一般的四照花一样，秋天可以收获又大又红的果实。它喜欢阳光，树形不太横向伸展而会长成细高的样子，也耐修剪，所以可以用来遮挡视线或者做成绿篱。在关东，到了冬季，香港四照花虽然或多或少会有落叶的情况，但树叶会变成醇厚的深紫红色。由于它养护简单方便，所以推荐初学者种植。

mini column 1 小专栏

栽培植物的变化

常说地球正在变暖，但真切地感受到这一点的是栽培植物的变化。以前在东京是无法栽培橄榄树、光蜡树的，而现在它们已经完全成了花园树木的固定品种，热带植物也能在东京生长了。最近以白千层为首的澳大利亚植物非常受欢迎。植物有努力适应环境的能力，即使被认为没有耐寒性的植物，只要过了一个冬天也会存活下来。为了能够耐住寒冷，常绿植物会自己落叶休眠，等到春天再发芽。在叶片容易受损的冬天，用覆盖物覆盖住植物根部就能提高保温效果，值得一试。

构成要素 ② 选择适合作为中层树（中低树木）的树木

中层树是指比主景树小，作为辅助性存在的树木。它们具有连接主景树和构成要素③框架植物的作用。主景树在选择了落叶树的情况下，中层树选用常绿树；主景树树叶颜色深的话，中层树使用带有明亮斑点的树种等，进行对比性的组合比较好。中间树未必需要栽种在主景树的旁边，只要从远处看整个花园的时候感觉均衡，即使栽种在有一些距离的地方也没有关系。中层树的标准是高度在 1.5m 以上的中低树木。虽然最终树高会达到 1.5m 以上，但最好将控制在 1.5m 以下的树种也归在框架植物里。另外，在狭小的空间等处，多年生草本植物也可以作为中层树来使用。

穗花牡荆

Vitex agnus-castus

马鞭草科牡荆属　落叶灌木

最终树高：2~5m

花朵观赏期：7—8 月

非常强健，在半阴处也可生长

穗花牡荆是灌木，但如果放任不管的话，高度和宽度都会变得相当大，所以最好是先预估其生长状况后再栽种，或在落叶期将其修剪小一些。在夏天开出白色或淡紫色的清爽圆锥形花序，并会一朵接一朵地绽放。它很强健，在半阴处也能生长，但会影响成花。干燥后的果实可代替胡椒使用。

松田山梅花

Philadelphus satsumi

虎耳草科山梅花属　落叶灌木

最终树高：约 2m

花朵观赏期：5—6 月

素雅的花朵极具魅力，广受欢迎

松田山梅花的花朵和梅花相似，其茎中空，因此在日本也被称为“梅花空木”。避开西晒，在向阳 ~ 半阴环境栽培，栽种前施以腐叶土、堆肥等肥料，之后的长势会比较好。5 月左右开出洁白素雅并带着芳香的花朵。它的树枝从根部长出，呈放射状生长，若想在狭窄场地任其自然地生长，花后立刻进行修剪即可。

互叶白千层（澳洲茶树）

Melaleuca alternifolia

白千层属　常绿灌木至小乔木

最终树高：2~3m

花朵观赏期：7—8 月

柔和的氛围令人印象深刻

白千层属植物有很多品种，我推荐的是被称为“互叶白千层”的品种。它是初夏时会开放穗状白色花朵的种类，喜欢日照和排水良好的地方。因为曾经把它的叶子当作茶喝，所以它也被称为“茶树”，但现在则是作为杀菌力很强的芳香精油使用。近缘种“芳香纸皮树（*Melaleuca squarrosa*）”也很好。

大叶醉鱼草

Buddleja davidii

马钱科醉鱼草属　落叶灌木

最终树高：2~3m

花朵观赏期：7—10 月

选择雅致的花色

大叶醉鱼草从 7 月左右开始，长长的圆锥形花朵开始盛开，上侧一朵接一朵不断地绽放，花期很长。因为花穗会散发出甜甜的香味吸引蝴蝶聚集成群，所以它也有“蝴蝶灌木”的别名。大叶醉鱼草的花色非常丰富，有白色、紫色、粉色、黄色等，但我推荐选择“黑骑士”和“皇红”等颜色深的品种。它喜欢阳光，由于生长旺盛，树形会变得杂乱，所以可在落叶期通过重剪来控制其株形大小。

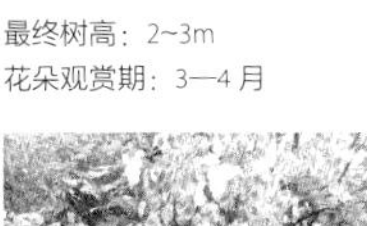

加拿大紫荆“银云”

Cercis canadensis 'Silver Cloud'

豆科紫荆属　落叶灌木

最终树高：2~3m

花朵观赏期：3—4月

变化多姿，高贵奢侈

在春天，叶子长出来之前就会长出小小的粉色花朵，之后才会出现淡粉色的叶子并渐渐变成白色。4—7月，整棵树都被白色叶子覆盖的样子真是美不胜收。适合栽种在不会西晒的向阳处～半阴处，7月以后叶片发生日灼病的情况比较多。它生长缓慢，易于管理。我推荐种植近缘种即长着紫红色叶子的“紫叶加拿大紫荆”。需要注意天牛幼虫。

欧丁香

Syringa vulgaris

木犀科丁香属　落叶灌木

最终树高：2~3m

花朵观赏期：4—5月

在法国替代樱花的树木

原产欧洲。欧丁香在法国就像日本的樱花一样，作为“宣告春天来临的花”为人们所喜爱。从被称为“丁香紫”的淡紫色到白色以及园艺品种的深紫色、紫红色等，颜色范围也非常广。由于它喜欢凉爽的气候，夏季不会南晒～西晒的地方最适合，但如果是日照强的地方，也会渐渐枯死。由于欧丁香喜欢肥沃的土地，所以最好将堆肥、腐叶土等混合后再进行栽种。

柠檬

Citrus × limon

芸香科柑橘属　常绿灌木

最终树高：2~4m

花朵观赏期：5—6月

果实观赏期：10月至来年4月

能轻松地欣赏到果实，非常实用

因柠檬不耐寒，以前没有进行露地栽培，但近年来全球变暖，关东以南地区也能够进行栽培了。柠檬是自花授粉植物，即便只有一棵树也可以结出果实，方便欣赏。柠檬遇到寒风就会落叶，所以栽种后的第一个冬季，根据场所的不同可能需要对其进行保护。凤蝶幼虫会附着其上，但如非大量的话，对树木并无影响，所以不要使用农药，宽容地欣赏它们生长到成虫的过程吧！

白鹃梅

Exochorda racemosa

蔷薇科白鹃梅属　落叶灌木

最终树高：3~4m

花朵观赏期：3—4月

无须修剪即可美丽地绽放

白鹃梅原产于中国，在明治后半期传入日本。我们在横滨的工作室也有栽种，它比其他任何树都早发芽。同时，纯白色的花与新绿相映成趣十分美丽，已经成了工作室宣告春天来临的花。它喜欢阳光，初夏容易附着黄刺蛾，梅雨时节～夏季期间容易患白粉病。白鹃梅树形比较整齐，基本上不需要修剪，值得推荐给初学者种植。

mini column 2 小专栏

身边具有毒性的植物

具有毒性的植物特别多，经常被用于栽培的有马醉木、铁筷子、铃兰、毛地黄、夹竹桃等，以毛茛科和夹竹桃科为主的植物多含有毒成分。作为冬季花园的色彩而备受欢迎的铁筷子就含有和乌头相同的成分乌头碱，如果误食其叶，就会出现呕吐、腹痛等症状。如果误饮了养过铃兰切花的杯子里的水，也会出现呕吐等症状。不管是哪一种，只要不入口的话，就完全没有问题，但最好还是注意不要让宠物等误食！

构成要素 ③ 选择构成框架的灌木、宿根花卉

由于主景树和中层树的关系，在高的位置会出现一定的分量感。而构成框架的是比中层树低矮的树高 1.5m 以下的植物，它们起着连接中层树和地被植物的作用。这个类别主要由生长茂盛的植物构成，在 1.5m 以下的空间里表现出分量感和动感。

主景树和中层树需要考虑花园整体的平衡来选择植物，而框架植物则需要根据各个角落的平衡来进行选择。如果场地宽敞的话，在同一个地方也需要很多种类的植物来构成框架。在框架中考虑主次植物不同的作用，有动感的树木、颜色能成为亮点的植物等能够相互衬托彼此，可合理运用。

美洲茶“凡尔赛荣耀”

Ceanothus x pallidus 'Goire de Versailles'

鼠李科美洲茶属　落叶灌木

最终树高：约 1.5m

花朵观赏期：5—7 月

长期为花园增添色彩

美洲茶“凡尔赛荣耀”与近缘种常绿灌木加利福尼亚丁香（*Ceanothus × edwardsii*）不同，是落叶灌木，很容易栽培。花期很长，淡紫色圆锥形花序上的花朵会次第开放，是很受欢迎的法国杂交品种的亲本之一。喜欢阳光，会稍微向四周扩展生长，修剪时只需剪掉碍事的树枝即可。我也推荐同品种开粉色花的“玛莉西蒙”。

克利夫兰鼠尾草

Salvia clevelandii

唇形科鼠尾草属　耐寒性宿根花卉

最终树高：约 1.5m

花朵观赏期：5—7 月

花朵在夏天不停地开放

克利夫兰鼠尾草是原产于美国加利福尼亚的灌木，是鼠尾草中比较大型的种类。叶子呈灰绿色，会散发出具有清凉感的芳香。它的花为直立型穗状花序，薰衣草蓝的小花轮生其上，气味芳香。从夏初到夏季都可以欣赏花。和其他大型鼠尾草一样，克利夫兰鼠尾草生长强健，易栽培，非常推荐种植。它喜欢干燥和阳光，花后剪枝为宜。

银刷树

Fothergilla gardenia

金缕梅科银刷树属　落叶灌木

最终树高：约 1.5m

花朵观赏期：2—3 月

可用于种植区域的框架搭建

银刷树原产于美国东南部，会在长出叶子的芽间开出带有芳香的白色花朵，之后会长满椭圆形、有锯齿且略带蓝色的灰绿色叶子。它喜欢阳光，生长缓慢，只要栽种在湿度适宜、排水良好的肥沃土地上，即可欣赏到它原本就很美丽的叶片颜色。因为它生长密集，管理也很轻松，所以最适合作为栽种区域的框架植物。

白棠子树

Callicarpa dichotoma (Lour.) C. Koch

唇形科紫珠属　落叶灌木

最终树高：1~2m

花朵观赏期：6—7 月　果实观赏期：9—11 月

带斑纹的叶子会让半阴处明亮起来

白棠子树的叶片本身不带斑纹，观赏期短，而这个品种叶片带有白色斑纹，能够欣赏到它与花坛内植物的对比效果，也可以长时间饱享其美。此外还有一种结白色果实的白花日本紫珠。初夏时盛开在叶脉上的淡紫色花朵小巧可爱，之后结出的很多紫色果实更是观赏价值出众。除了纠缠交错或长得太长的枝条以外，只需微微修剪便可避免株形太过松散，开花性好。适合半阴处。

香桃木

Myrtus communis

桃金娘科香桃木属　常绿灌木

最终树高：2~3m

花朵观赏期：5—7 月　果实观赏期：9—11 月

即使生长茂盛也不会给人沉重的印象

作为常绿灌木，香桃木的叶子比较小，给人以轻盈的印象。叶子有独特的芳香，可以用来消除肉菜腥味和泡在酒里作为喜庆酒饮用。秋天成熟的黑色果实也可食用。在欧洲，它常常被用于婚礼装饰，有“祝福木”的别称。香桃木喜欢阳光，抗寒性较弱，遇到寒风树叶就会掉落，也不再开花。夏季需要注意叶螨。

凹脉鼠尾草

Salvia microphylla

唇形科鼠尾草属　常绿灌木

最终树高：1.2m

花朵观赏期：5—11 月

花期很长，可以欣赏花色为乐

凹脉鼠尾草也被称为“樱桃鼠尾草”，虽然它的红色品种长期深受人们的喜爱，但也有白色、粉红色、奶油色等，花色多种多样。它生长强健，如果阳光充足，花期就会很长，也很耐夏季干燥。霜降后枝干会枯萎，但保留枯枝，春天在长出的芽上方剪枝，就会形成好看的树形。推荐初学者种植。

粗齿绣球“黑姬”

Hydrangea serrata f. Kurohime

虎耳草科绣球属　落叶灌木

最终树高：1~1.5m

花朵观赏期：5—7 月

用它来打造一个雅致的花园

“黑姬”是粗齿绣球的园艺品种，其特征是花朵小型，呈蓝黑色。它生长强健，不生虫，即使在半阴处也能开花。由于生长密集，基本上不需要修剪。把“黑姬”和多年生草本植物，如玉簪属植物、耧斗菜属植物等紫色花、白色花的品种组合在一起的话，就会变成一个充满野趣而和谐的花园。推荐初学者种植。

粉绿叶蔷薇

Rosa glauca

蔷薇科蔷薇属　落叶灌木

最终树高：1.5~2m

花朵观赏期：5—6 月　果实观赏期：7—8 月

朴素的蔷薇生长强健且独具个性

粉绿叶蔷薇是一种野生品种的蔷薇，其暗沉的灰紫色叶片颜色很美。初夏时会盛开非常朴素的单瓣浅粉色花，与其独特的深色叶子形成鲜明的对比。也可欣赏蔷薇果。它生性比较强健，即使在半阴处也能生长。由于是多干丛生株型，初期需要支架固定，但枝干有所增加后就能自己直立生长了。月季和蔷薇中，我推荐它。

齿叶薰衣草

Lavandula dentata

唇形科薰衣草属　常绿小灌木

最终树高：0.5~1.0m

花朵观赏期：四季盛开

给人致密的鲜明印象

在薰衣草中，齿叶薰衣草是最适合日本气候的强健品种。它的叶子是灰绿色的，由于细长的叶片上带有锯齿，所以被称为“Dentata（有齿）”。英国的薰衣草品种因气候湿热，仅存活两三年就枯萎的情况比较多，但该品种在开花后定期修剪，保持根部通风良好，可防止因湿热患病。往根部周围撒上小石子，以防止水溅起来污染叶片，这样的做法也非常有效。

白铃木

Zenobia pulverulenta

杜鹃花科粉姬木属　落叶灌木

最终树高：1.5~2.5m

花朵观赏期：4　5 月

落叶性植物却不落叶

白铃木原产于美国东南部。它给人一种类似蓝莓的印象，明亮的绿色叶子略带蓝色。气候温暖的话，秋天也几乎不落叶。晚春时节，与铃兰相似带着芬芳的吊钟形花朵会密集开放，因而得名。白铃木耐寒，喜欢肥沃且微微潮湿的半阴处。如果阳光强烈的话，会引起叶片日灼病，需要注意。

构成要素④ 选择能够覆盖地表的多年生、宿根、地被类植物

选用在地表可以大量种植或者垫状生长的植物，点缀修饰种植区。在墙壁、地板等处有人工合成材质的情况下，可以隐藏边缘部分后再与其他部分相连，营造出自然的氛围。根据光线充足与否等具体情况的不同，来选择可以种植的植物以及种植场所，这也是种植过程中最有趣的部分。以一种游戏的心态选择植物也无妨，即便多多少少有失平衡，只要用心栽培主植和框架植物，便无须担心。在种植完所有的植物之后，淘汰最多的是框架和地被植物，大约会淘汰 20%。在有一定高度的花坛处种植时，种植在走廊侧的匍匐植物同样可以起到地被植物的作用。

匍匐筋骨草

Ajuga reptans

唇形科筋骨草属　耐寒性多年生草本植物

株高大小（最盛期）：0.1~0.2m

开花期：4—5 月　花色：紫色、粉色、白色

它们生长强健，可以点缀栽种

繁殖力旺盛，匍匐枝呈地毯状扩散。叶子大多为铜绿色，有斑点和纯绿色两种类型。花色多种多样。有时会侵蚀其他植物，因此最好与其他植物保持一定间隔。原产于日本，日文名“十二单”因其成簇而夺目的花姿而命名。推荐新手种植。

老鹳草

Geranium

牻牛儿苗科老鹳草属　耐寒性多年生草本植物

株高大小（最盛期）：0.2~0.6m

开花期：4—7 月　花色：紫色、白色、红色、粉色

花色丰富，种植充满乐趣

品种多样、花色以紫色为主，色系丰富，可以随意选择。喜好向阳处的半阴处，有一定耐寒性。不适宜夏季高温高湿的天气，在土地肥沃的树荫等处种植较为理想。天气闷热时，花容易腐烂，由于长期种植较为困难，建议每 2—3 年更换一次。较易增殖成群生。

碧眼庭菖蒲

Sisyrinchium

鸢尾科庭菖蒲属　耐寒性多年生草本植物

株高大小（最盛期）：0.1~0.5m

开花期：5—6 月　花色：紫色

想让花植成簇绽放

原产于北美地区的外来物种之一，是日本野地里到处可见的庭菖蒲的“密友”，植株成片生长。虽然叶子的形状不怎么显眼，但是如果成簇种植的话，一到春天紫色的小花就会开得很漂亮。不适宜湿度过高、闷热的气候，喜好光照充足且水分适宜的土壤。在花坛的最前排成簇种植更好。

马蹄金

Dichondra

旋花科马蹄金属　半耐寒性多年生草本植物

株高大小（最盛期）：约 0.1m

开花期：4—8 月

光照困难也可生长

圆心形的小叶子密密麻麻的，根茎横着向外扩散。冬季时分叶子损伤之后就会变得不美观，因此相比日本关东地区，在西部地区生长不易枯萎。生命力顽强，即便在无法种植草坪的半阴高湿地区也可种植，从而很适合作为光照不足路段的地被植物。其中也有一种银色叶子的品种，但是相比一般品种更娇弱，不适合在半阴处种植。

无距耧斗菜

Aquilegia ecalcarata

毛茛科耧斗菜属　耐寒性宿根植物

株高大小（最盛期）：0.3~0.5m

开花期：4—6 月

花色：紫色、酒红色、白色

花姿淡雅、花种强健

原产于中国，相比其近缘种耧斗菜个头更小。紫色、酒红色及白色的小花层次分明，十分可爱，且花期较长，耐欣赏。由于它不耐高温，夏天尽量避免阳光直射，最好选择在排水和保湿俱佳的场所种植。在耧斗菜之中，我个人最喜欢该品种。

费森杂种荆芥（紫花猫薄荷）

Nepeta × faassenii

唇形科荆芥属　半耐寒性多年生草本植物

株高大小（最盛期）：0.5~0.8m

开花期：5—8 月

花色：白色、紫色、粉色

可以长时间点缀花园，富有魅力

灰绿色的叶子、生性强健且花期较长。花色丰富多样，光照充足时长势茂盛，但光照不足时植株会变得散乱。花期过后，修剪至根部附近，注意通风即可。吸引猫的"猫薄荷"是该品种的近缘种，但本品种并不能吸引猫。初学者能轻松地栽培成功，十分推荐。

百里香

Thymus

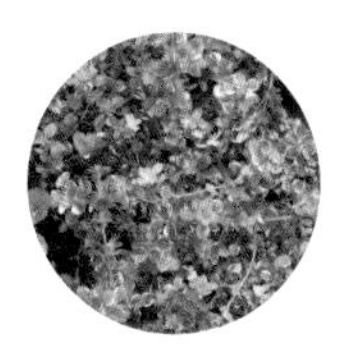

唇形科百里香属　常绿小型灌木

株高大小（最盛期）：0.1~0.3m

花朵观赏期：4—7 月

花色：粉色、白色

鲜亮的斑点衬托出别样之美

百里香属包含 350 余种多年生草本植物或者小型灌木，喜好光照且具有耐寒性。在加入腐殖质后保水能力增强，且在稍微砂质的土壤环境中生长效果最好，若在屋顶处用于绿化，植株将会异常旺盛。花色为粉色、白色系，叶有白斑、黄斑，种类丰富。在台阶、花坛边缘处或者阶梯间隙等处种植，效果最佳。

千叶兰

Muehlenbeckia compiexa

蓼科竹节蓼属　常绿匍匐小型灌木

株高大小（最盛期）：0.5~2.5m

果实观赏期：4—5 月

无可比拟的强健品种

原产于新西兰的爬藤类植物，分枝繁多。暗紫色的细茎上附着半落叶性的透明小叶，虽然耐寒性稍微弱一点，但总体非常强健。若不能频繁间苗，可能会把其他植物覆盖住。无论半阴、湿润或是干燥，该植株都能生长旺盛。在春天开着不起眼的白色小花、结着果实，生长健壮，很适合新手种植。

mini column 3 小专栏

宿根植物和多年生草本植物有何不同

多年生草本植物包括多年生常绿草本植物和宿根植物。宿根植物指的是休眠期间植株上部会枯萎的植物。其中大部分植物在冬季休眠，但是也包括像荷包牡丹那样夏季休眠落叶的植物。冬季休眠的宿根植物，它的落叶像棉被一样保护着根部，因此人们认为将原本的枯叶保留在根部会更好。

球根植物同样也是多年生草本植物的一种。球根植物原产于有雨季和干季之分的地区。为了能够顺利度过无雨的季节，它吸收养分向球根部传输储存的同时进行休眠，以度过恶劣的时期。

构成要素⑤ 选择攀附于墙面或地面的攀缘植物和匍匐植物

该类植物指的是缠绕在栅栏或藤架等构造物上，可以营造出生动自然氛围的植物。缠绕在藤架上时，还可以起到遮阳的作用。

构造物大多在位置较高处，在空间狭小、无法种植较大树木的花园内，有时也可选用攀缘植物作为主景树。到那时，在搭建材料的设计、安装以及主要植株的布局一切就绪的时候，再决定具体种植什么即可。在选择覆盖地面的植株时，同样选用地被植物也可以。攀缘植物大多生长旺盛，因此尽早熟悉适应构造物，方能营造出自然的氛围。不同于树木，攀缘植物的特征为植株的生长高度取决于其攀缘的构造物，因此修剪等管理起来非常容易。

素馨叶白英（悬星藤）

Solanum jasminoides

茄科茄属　常绿攀缘灌木

株高大小（最盛期）：3~6m

开花期：7—10 月　花色：白色、淡蓝色

营造出郁郁葱葱的绿

原产于巴西的攀缘植物。开花时，花朵起初是白色随后渐渐变为淡蓝色。虽然相对耐寒，但是冬季遭遇冷风之后枝干会受伤变黑。在日本关东以南地区可以安全过冬，生长在向阳～半阴处，病害较少，容易种植。在房檐下或通风不佳处种植时有可能滋生大量椿象，因此有必要格外注意一下。推荐新手种植。

菱叶常春藤（日本常春藤）

Hedera rhombea

五加科常春藤属　常绿攀缘灌木

株高大小（最盛期）：0.6~3m

开花期：6 月　花色：白色

推荐种植日本产的常春藤

日产常春藤从根茎处生出许多气根攀爬至树干或墙面。它与普通的常春藤十分相似，但是相比普通的常春藤该植株生长缓慢，爬得更高。此外，开花后第二年会结出黑色果实，其观赏性较强，常春藤浆果通常被取下作为观赏花材。虽然不适合木质结构的建筑，但是牵引到防护墙或墙面处蔓延，作为绿色背景十分出众。

黑莓

Rubus fruticosus

蔷薇科悬钩子属　落叶灌木

株高大小（最盛期）：3~8m

花朵观赏期：4—6 月　果实观赏期：6—8 月

十分适合新手种植的果树

原产于北半球的灌木，喜好光照，但在半阳处也可栽种。开着白色或粉色的五瓣花，旧枝上一般不结果实，为了第二年能在今年长势良好的树梢处结出果实，最好在每年冬天保留新枝定期修剪。该植株习性强健，最多会患白粉病，像这种不施农药也能栽培的果树十分适合新手种植。

蔓马缨丹（紫花马缨丹）

Lantana montevidensis

马鞭草科马缨丹属　常绿小型灌木

株高大小（最盛期）：约 3m

开花期：5—12 月　花色：白色、黄色、粉色

可大面积广泛覆盖

原产于南美中东部地区。马缨丹具有丛生性，该品种为匍匐型且花期较长，在日本关东以南的露天区域也可安全过冬。从冬天直至长出新芽的初春时节一直都是不起眼的状态，花色有白色、黄色、粉色，虫害少，非常强健且容易种植。最好让它从较高的地方垂下来，或者大面积匍匐生长。由于成熟的黑色果实有毒，种植时还需留心。

绣球钻地风（日本绣球藤）

Schizophragma hydrangeoides

虎耳草科钻地风属　落叶木本攀缘植物

株高大小（最盛期）：10~15m

开花期：5—7月　花色：白色

攀上墙壁的姿态可谓抒情

能从主干或枝干处生长出气根，爬上树木和墙壁等处。梅雨时节便开出额紫阳花般的白色小花。钻地风不喜高温，在气候温暖的地区较难栽种，但该品种相对容易种植，有望开花。由于不喜高温干燥，相比在一天中光照充足的地区，略微半阴处更宜植株生长。另外，新芽可以作为野菜食用。

蓝花丹（蓝雪花、蓝茉莉）

Plumbago Auriculata

白花丹科白花丹属　常绿木本攀缘植物

株高大小（最盛期）：3~5m

开花期：6—10月　花色：白色、蔚蓝色

尽情地将植株牵引至栅栏

让主干及枝干缠绕到其他树木上，持续向上攀爬可以长成攀缘植物。6月之后，便可长时间观赏清爽的蔚蓝色或白色的花。冬季植株被霜打过之后，叶子掉落，枝干从梢部开始枯萎，在日本关东以南地区很少有完全枯死的情况。喜好光照，最好让其从高处垂下来或者牵引至栅栏等处。

绣球藤（蒙大拿铁线莲）

Clematis montana

毛茛科铁线莲属　常绿落叶木本攀缘植物

株高大小（最盛期）：5~8m

开花期：4—5月　花色：白色、粉色

用花海装点整个花园

原产于中国西部～喜马拉雅山地区，是铁线莲中十分强健的一个品种。初春时在叶子完全伸展前开花，该品种多花且小花丛生，因而植株会被花海完全覆盖，非常漂亮。喜好光照，在上一年的枝上生出花芽，无须修剪，控制住植株的大小即可。在气候温暖的地区尤其夏季，有时会受到高温高湿天气的影响患立枯病。

忍冬（金银花）

Lonicera japonica

忍冬科忍冬属　常绿攀缘灌木

株高大小（最盛期）：8~10m

开花期：5—9月　花色：白色、黄色

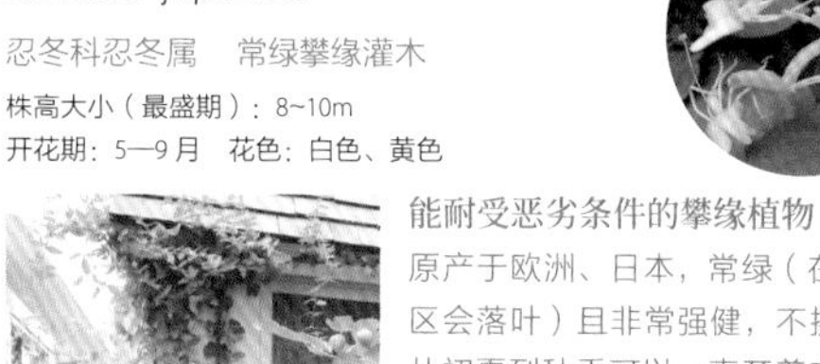

能耐受恶劣条件的攀缘植物

原产于欧洲、日本，常绿（在寒冷地区会落叶）且非常强健，不挑土质，从初夏到秋季可以一直开着充满香气的花朵。喜好光照，生命力旺盛，因此即便在背阴处种植，只要把它的上部引到向阳处，便可继续生长。枝干延伸过长时看起来可能不太美观，因此最好在开花后进行回剪。

mini column 4 小专栏

木本植物与草本植物的不同之处

茎部木质化程度高、生长粗大的是木本植物，相反为草本植物。如香蕉的茎虽然看起来很大，但木质化程度低，因此它是草本植物。此外，乍一看像草本植物的迷迭香、薰衣草实际上是木本植物。千叶兰、百里香、素馨叶白英、黑莓、铁线莲、常春藤等同样是木本植物。在鼠尾草属中，深蓝鼠尾草是草本植物，普通鼠尾草是木本植物。由于木本植物修剪到根部时新芽有可能不会再长出来，修剪时需要注意。

根据种植环境和理想条件选择相应的植物

满足各项条件的植物清单

一味地种植不适合当地环境的植物而造成植物枯萎，这样的花园无论何时都无法成为精彩的空间。
为了能让花园郁郁葱葱，应试着根据花园的具体环境和条件选择容易成活的植物。
这里列举的植物都是基于“BROCANTE”打造花园的经验，经过层层筛选后得出的推荐品种，值得尝试。

选择适合当地环境的植物，用肥沃的土壤栽培

花园环境中的光照条件、排水情况、风力大小等因素各不相同。这里列举的植物，都是目前为止经过“BROCANTE”在数百个花园中亲自验证，即便在相对严峻的环境下皆可栽培成功的优秀植物。同时适宜日本的风土气候，大部分都是相对容易成活的品种，因此在选择栽种品种时，请参照以下的植物清单进行选择、试种。

在露天栽培且放任植株生长的情况下，最终树高通常有一个“大概会长成这样”的推测基准。针对不同的选址情况，树高会有所不同，经过持续修剪，可以塑造出适合花园环境的树高。文章结尾处的数字①~⑤与 p102~113 中构成要素的①~⑤相对应。

此外，栽培植物的时候最需留心的是改良土壤。水源、光照、土壤是植物生长中必不可少的元素。为了植物能够生长良好，改良土壤非常重要。我个人在种植的时候也会施加堆肥或腐叶土。在原土里混合适量的堆肥或有机物，如果植物长势不好的话就再补加一些。通过选择适合当地环境的植物和土壤改良的方式，让植物茁壮生长吧。

对应植物①-1 适合在光照不足地区种植的植物

在光照不足的环境中，如半阴处仍有不少可以种植的植物。所谓半阴，是指虽不直接接触日晒光照，但在远离墙面等遮蔽物 2m 以上的环境。或者一面虽紧邻但另一面远离遮蔽物，且紧邻处一日之内有 1~2 小时光照的环境。四周都是围墙，光照不足的地方严重昏暗，这样的环境下植物难以生长成活。在不清楚自己花园的光照程度时，先试着多种些植物吧。虽然会出现被淘汰的、枯萎的植株，但适合该地的植物也会自然成活留下，这样通过实验得出真知也不失为一个好方法。比如在春~秋有光照但冬季无光照的环境下，可以种植冬季休眠的绣球。

另外，作为解决方案还可以利用反射光。将栅栏等搭建材料粉刷成白色，能够利用反射光原理增加亮度。除了在本章介绍的植物之外，还推荐种植卷柏、枫树、蝴蝶花、野棉花、鸭跖草、姜、紫斑风铃草等。

乔木绣球“安娜贝尔”

Hydrangea arborescens 'Annabelle'

虎耳草科绣球属　落叶灌木

最终树高：0.5~1.5m

花朵观赏期：5—7 月　花色：白色、粉色

特别推荐新手种植

原产于北美地区。非常强健，几乎没有病虫害，即便光照条件相当恶劣也可生长、开花。开花时花色由绿色变为白色，之后又变回绿色，花期较长，可以尽情欣赏。与其他的绣球花不同，由于它是在春天长出花芽，冬季也可进行回剪。最近新上市了粉色花种，在各个方面都十分优秀。/ ③

阿兰德落新妇

Astilbe × arendsii

虎耳草科落新妇属　耐寒性宿根植物

株高大小（最盛期）：0.5~1.5m

开花期：5—9 月　花色：白色、粉色、红色

茂密生长的宿根植物

落新妇是日本落新妇、中国落新妇等分布在东亚温带地区品种的杂交种的总称。它们几乎没有病虫害，生长茂盛，打理不费时间。在腐殖质较多且潮湿的地区种植效果理想，但是若注意解决干燥问题，就不怎么挑土壤。花色多为白色、粉色、红色。因为是小型宿根植物，所以与春季种植的球根植物混种更好。/ ②

野茉莉

Styrax japonicus

安息香科安息香属　小型落叶乔木

最终树高：7~10m

花朵观赏期：5—6 月

开着可爱白花的杂木

5 月的时候，会开出大量成串的芳香四溢的白色小花，花骨朵一般向下开着。在山野的杂木林中常见，从根部丛生数枝。习性非常强健，在光照相当恶劣的环境下枝数可能减少，但依然可以生长。反复强剪会失去原本的柔美，可通过间苗和疏枝解决，或者尽量在宽阔的地方种植。/ ①

具柄冬青

Ilex pedunculosa

冬青科冬青属　小型常绿乔木

最终树高：5~10m

花朵观赏期：5—6 月　果实观赏期：9—12 月

最适合作为狭窄北侧的围栏

在日本的宽叶常绿乔木之中，具柄冬青常给人叶子疏朗轻巧的印象，轻风拂过，叶子会发出沙沙的声音。雌雄异株，雌株会结出红色果实，样子十分可爱，冬季也可尽情欣赏。具有耐阴性、耐寒性，生长缓慢，方便管理。十分适合作为花园北侧区域或狭窄空间的围栏篱笆。/ ①

小蔓长春花

Vinca minor

夹竹桃科蔓长春花属　常绿亚灌木

最终树高：0.1~0.2m

花朵观赏期：4—6 月　花色：蓝紫色、紫红色、白色

嵌在背阴的缝隙处生长

常绿植物，具有耐阴性，即便在光照不足的区域也能凭借着旺盛的生命力生出藤蔓，垫状蔓延。倘若光照合适，从春季到初夏便能开出星状的小花，花色有蓝紫色、紫红色、白色。个别品种的叶子上有黄色或白色斑点。可能会出现植株过分蔓延的情况，建议定期进行适当修剪。/ ④

青木

Aucuba japonica f. longifolia

山茱萸科桃叶珊瑚属　常绿灌木

最终树高：1.5~2.0m

花朵观赏期：3—5 月

根据种植方法也可将其视为西洋风格的树木

极具耐阴性的常绿植物。相比基本品种，它有着叶子更细、更轻的特点。雌雄异株，初秋雌株上结出的红色果实可以一直保留到第二年的春天，为冬季增添了一抹颜色。原产于日本，虽然给人以和风的印象，但在欧洲也常被种植于背阴处。其中也有黄色斑点的品种，根据不同的组合和背景，可改变植株原本的和风印象。/ ③

对应植物 ①-2

让光照不足的区域给人留下明快印象的植物

能够打造出明快印象的植物通常是有斑点或者叶色较浅的植物。同时它们可能发生焦叶问题，不适合在光线较强的区域内种植。这里列举出的是对比鲜明的斑叶植物。将羊角芹这类生长茂盛的植物成簇种植，可营造出令人印象深刻的群落。给人奢华印象的八角金盘富有造型之美，适合混凝土打造出的现代空间。但是，过度使用斑叶可能给人喧宾夺主的印象，其用于画龙点睛、营造焦点更适合。

除此之外，还推荐种植青木、阔叶山麦冬、富贵草、沿阶草、薹草等有斑点的品种，以及刺槐、复叶槭“火烈鸟”、淫羊藿、玉簪等，青柠或带有黄叶的品种等也适合。

花叶羊角芹

Aegopodium podagraria 'variegatum'

伞形科羊角芹属　耐寒性宿根植物

株高大小（最盛期）：0.3~0.8m

开花期：6—7月　花色：白色

成簇种植更有观赏价值

花叶羊角芹原产于欧洲，是日本常见的野生羊角芹中的一种。该品种有白色斑点，喜好肥沃且湿润的土地，相比向阳处更适合在树林下的半阴处生长，根茎呈垫状延伸。开着类似于蕾丝花边图案的白色小花。其嫩叶富含高浓度的维生素C，可食用。/ ④

日本蹄盖蕨“画蕨”

Athyrium niponicum pictum

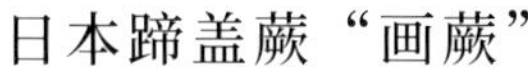

蹄盖蕨科蹄盖蕨属　耐寒性宿根植物

株高大小（最盛期）：0.5~0.6m

尽情欣赏色彩的变化层次

该品种是广泛分布于日本的“蹄盖蕨”的选拔种。新叶在金属质地的灰色上勾勒出红色、黑色的纹路，仅一株便可呈现出色彩的层次感，是十分漂亮的品种。适宜日本的土壤，属于根茎延伸较小的品种，因此管理起来方便容易。适合在半阴处种植，因气温、光照、湿度的不同，叶子的颜色、大小会产生相应的变化。冬季时分植株上部会枯萎。适合新手种植。/ ④

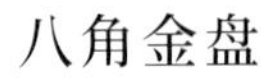

八角金盘

Fatsia japonica (Thunb.) Decne. et Planch.

五加科八角金盘属　耐寒性常绿灌木

最终树高：2~3m

花朵观赏期：10—11月

以色彩明快的叶子抹除和风的印象

叶片处铺散开如霜降般的白斑，是非常精美的品种。春天长出新芽时，叶子起初是白色的，之后渐渐变成绿白相间的霜降状纹路。秋天开出白色的花，结着黑色的小果实。耐阴性较强，非常强健，容易成活。若受到阳光直射可能会引起烧叶，需要多加注意。类似的品种还有白色斑点的“白边八角金盘”和长着不规则黄色斑点的“黄斑八角金盘”。

花野芝麻

Lamiastrum galeobdolon

唇形科黄野芝麻属　常绿多年生草本植物

株高大小（最盛期）：0.2~0.4m

开花期：3—4月　花色：黄色

推荐新手种植的地被植物

原产于亚欧大陆。长有白色斑点的卵圆形叶子，边缘有锯齿，攀缘生长。花期虽短，但春天长出花茎后，便可开出唇形科特有的黄色小花。在半阴处且土壤肥沃的地区种植较为理想，无须费心选址，长势良好，非常强健，适合新手种植。遍布斑纹的叶子一整年都是阴处绿叶丛中的焦点。/ ④

对应植物 ①-3 在光照不足处亦可结出果实的果树

在花园里收获、品尝成熟的果实是一件非常快乐的事情。这里介绍的三种果树是在我们种植实践过程中发现的，在光照条件相当恶劣的条件下亦可种植的珍贵品种。没有必要施过多的肥，只要确保土壤土质的平衡便可茁壮生长。选择植株时，应选择大小适宜、强健的植株。虽然可以买来幼苗让其长大，但在恶劣的生长环境下，也有夭折的可能，因此直接购入较大且生命力旺盛的植株会更好。橘子从种子到长成直至结果需要花费 7—8 年的时间，因此应选择结果较快的嫁接一岁树苗。此外，具有攀缘性的葡萄、木通、树莓等即便其根部的光照条件恶劣，在 1—2 年之后将植株牵引至向阳处就可期待收获硕果。

加拿大唐棣

Amelanchier Canadensis

蔷薇科唐棣属　落叶灌木～小型乔木

最终树高：5~8m

花朵观赏期：3—4 月　果实观赏期：5—6 月

能带给花园乐趣的树木

北美东部的品种。不喜西晒的强光和干燥，在光照条件较差的场所也能开花，自花授粉，是为数不多的仅凭一棵果苗便可结果的植物。偶尔有毛毛虫，但较耐病虫害。叶子较少，总体给人以朴实柔美的印象。无论是作为主景树养大，或是作为丛生的中型树保持紧凑种植都不错。果实无论生食还是做成果酱都很美味。强烈推荐新手种植的非常优秀的树木。/ ①

兔眼越橘

Vaccinium ashei

杜鹃花科越橘属　落叶灌木

最终树高：1.5~3.0m

花朵观赏期：4—5 月　果实观赏期：6—8 月

即使光照条件恶劣仍可收获果实

原产于美国东南部地区。虽然是落叶灌木，但在气候温暖的地区植株可保持半常绿。在温暖地区开花良好，仅凭一棵果苗便可结出果实。喜好酸性土壤，应避开西晒，但在光照条件恶劣的地点依然可以开花结果。注意及时浇水防止干涸，在添加泥炭土之后便无须特意挑选种植地了。几乎不生病虫害，方便管理，特别推荐新手种植。/ ②

香橙（日本柚子）

Citrus junos

芸香科柑橘属　常绿灌木

最终树高：2~2.5m

花朵观赏期：5—6 月　果实观赏期：9—12 月

果实为冬天增添色彩

柑橘类中耐寒性强、生长强健且容易种植的品种。喜好光照，但在半阴处仍可开出不错的花，具有自花结实性，容易收获。由于植株有刺，所以修剪时稍有困难。如若控制好植株的高度，对交叉枝进行疏枝修剪，并让其横向扩展，更容易结果。若成熟的结果枝条不开花，选取 2~3 枝进行断根即可。/ ②

对应植物 ①-4 让光照不足的区域给人留下明快印象的植物

多花素馨在光照不足的环境下也可生长，甚至开花。植株强健且根部生长旺盛，在向阳处种植时植株便会生长得异常巨大，因此在花园的背阴处种植刚刚好。芳香四溢的花、薄如蝉翼的叶子十分小巧可爱、富有魅力。络石和常春藤是叶子较厚的常绿植物。倘若在较小的空间内更适合种植叶子较小的络石。除此之外，还推荐种植常春藤中的洋常春藤和波斯常春藤。像加拿利常春藤那样的叶子较大的常春藤最好作为背景用来衬托花植。此外，虽然素馨叶白英开花较差但仍可生长存活。

亚洲络石

Trachelospermum asiaticum

夹竹桃科络石属　常绿攀缘灌木

株高大小（最盛期）：5~6m

开花期：5—6 月　花色：白色、黄色

不挑地点，牵引至哪里皆可

初夏开放由白色逐渐变成黄色、散发着独特香气的小花。从向阳处到背阴处，不挑地点皆可生长，但在背阴处开花较差。剪掉过分生长蔓延的部分，倘若超出了原本的种植空间，直接剪断即可。盆栽种植时，倘若肥料补给中断，叶子的颜色便会受到影响；但在土地里种植时几乎没有施肥的必要。不易生病虫害，非常适合新手种植。/ ⑤

多花素馨

Jasminum polyanthum

木犀科素馨属　常绿攀缘灌木

株高大小（最盛期）：3~5m

开花期：4—5 月　花色：白色

在北侧栅栏处种上惹人怜爱的花

原产于中国云南省，生长强健的常绿攀缘植物，最适合种植在光照不足的栅栏处。初春时长出红色的花苞，随后便开出散发着浓郁香气的白花。只有经过低温天气才会长出花芽，但是气温低至 0℃以下时也会有花苞枯萎无法开花的烦恼。倘若在光照充足的场所种植，生长过于旺盛会让管理变得十分困难，要注意该植株的种植场所。推荐新手种植。/ ④

加拿利常春藤

Hedera canariensis

五加科常春藤属　常绿攀缘灌木

株高大小（最盛期）：8~10m

能让人平心静气的绿墙

原产于非洲北部以及加纳利群岛。是一种无论在哪里都有的常见品种。生长强健，兼备耐阴性和耐寒性。最适合墙面的绿化，特别是想用绿色铺满一整块较大的面积时。为了方便植物攀爬，初期可选用金属线和绳子进行牵引，有必要对那些生长过长的枝干进行间隔种植，这样管理起来会轻松许多。为花园增添一抹浓郁的绿色是它的基础功能。/ ⑤

对应植物 ①-5 在光照不足的屋檐下可以栽种的植物

屋檐下淋不到雨水和夜露，土地干燥，叶子也不会被雨露冲刷，因此更容易患病。在光照不足的区域有必要选择耐寒性强且耐阴性好的植物。除了这里介绍的 3 种之外，还推荐种植百子莲、玉帘、麦冬、剑叶沿阶草、青木等。能在块根处储存养分的植物很多，且十分强健。此外，蔓延迅速的小蔓长春花、千叶兰也不错。这些植物在实际的造园中多用来遮盖住建筑物的地基周围。麦冬成簇种植，会更加漂亮。

欧活血丹

Glechoma hederacea

唇形科活血丹属　半耐寒性常绿多年生草本植物

株高大小（最盛期）：0.1~0.2m

开花期：4—5 月　花色：紫色

在缝隙间蔓延开的可爱圆叶

日本“活血丹”的近缘种，也被称为“花叶活血丹”。叶子上有香气，生长旺盛。沿着地面匍匐生长的根茎时常会潜入其他地被植物的缝隙间，因此不想让其扩散式蔓延时需要进行及时修剪。春天开着紫色的小花，叶子精美，常年可观赏，遇到寒冷天气叶子会变红。需要注意因夏季闷热天气引起的植株受损和叶螨问题。/ ④

白及

Bletilla striata

兰科白及属　耐寒性宿根植物

株高大小（最盛期）：0.3~0.8m

开花期：3—5 月　花色：紫色、白色、粉色

在背阴处亦可成规模茁壮成长

白及是春季开着紫红色小花的野生兰花。因其有着储存养分的地下茎（假鳞茎），所以生长强健，植株每年茁壮增长，并形成有一定体积规模的群落。因为是紫色的兰花，所以也叫紫兰，但也有白色、淡粉色等其他花色。喜好光照，但在湿润的土壤环境下即便在背阴处也可生长。/ ③

阔叶山麦冬

Liriope muscari

百合科山麦冬属　耐寒性常绿多年生草本植物

株高大小（最盛期）：0.3~0.5m

开花期：8—10 月　果实观赏期：11—12 月

即便在背阴处亦可牢固扎根

原产于东亚。还有叶子上长有黄色纹路的花叶品种。植株逐年增大，叶子容易受损，因此在花期结束的冬季，将植株根部附近的叶子剪掉，初春便可长出漂亮的新芽，十分优美，也可以此控制其植株大小。初秋绽放的紫色小花清新夺目，虽然不显眼，但群生时值得一看。/ ④

对应植物 ②-1

适合在光照过强的屋檐下种植的植物

面朝西南的环境光照条件好，特别是西照的阳光光线强烈，对于植物来说，是相当严苛的生长环境。百子莲、紫娇花原产于南非地区，耐干燥和强光照射，因此在干燥的屋檐下也可栽培成功。原产地是植物生长发育重要的评判基准，因而在购买植物时可以此作为参考。

相反，屋檐下也是避免霜降的理想场所。无耐寒性的植物也可于屋檐下生长，推荐种植加州丁香、热带三角梅等。不喜潮湿的薰衣草也是不错的选择。

百子莲

Agapanthus

百合科百子莲属　耐寒性多年生草本植物

株高大小（最盛期）：0.5~1.0m

开花期：6—8 月　花色：白色、紫色、蓝色

特别推荐的常绿多年生植物

原产于南非地区，分为冬季植株地上部分会枯萎的小型百子莲和常绿大型百子莲两种。花色有白色、紫色、蓝色，推荐有些偏黑色的深蓝色的“塞娜”以及白色中露有一丝淡红色的“樱桃牛奶”。总之，其生长强健，无须费心管理便可茁壮生长。若 3~4 年间植株生长过快，开花后将其分开种植会更好。即使稍微粗暴些管理也没问题。/ ③

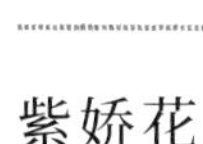

紫娇花

Tulbaghia

石蒜科紫娇花属　春季种植的球根植物

株高大小（最盛期）：0.5~0.8m

开花期：5—8 月　花色：白色、粉色

开着星状可爱花朵的球根植物

原产于南非的球根植物，即便在荒芜的地区或者背阴处也依旧长势良好、茁壮生长。在修剪叶和茎时会发出不好闻的大蒜气味，但是白色、粉色的星形小花惹人怜爱，光照条件好时花开得也好，花期较长。若不经霜打便可常绿生长，在植株有所增长时可进行一定的管理，如分枝、间隔种植等。还有叶子上有竖纹的“银边”品种。/ ④

景天

Sedum

景天科景天属　多肉植物

株高大小（最盛期）：0.1~0.2m

开花期：因品种而异

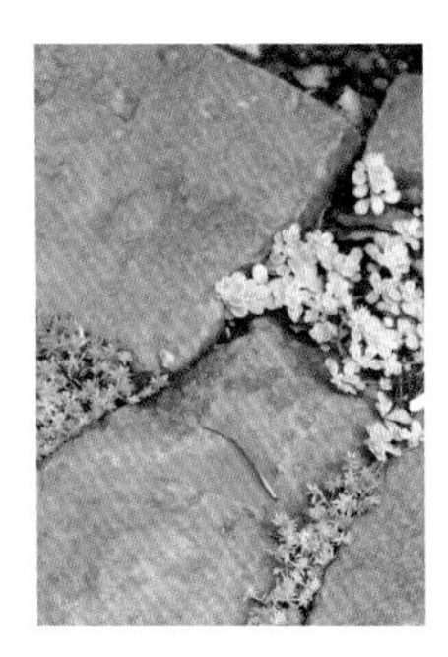

地毯状蔓延的绿色

一般来说，多肉植物也被称为“景天”，品种众多。其中墨西哥佛甲草、圆叶景天被人们所熟知。它们虽喜光照，但在半阴处也可生长，呈地毯状蔓延，因此建议种植在台阶、阳台的缝隙处。将叶子撕下一部分埋入土中，植株便可生根，仅凭一株便能长满一片。/ ④

对应植物
②-2

能够适应光照过强且风力过大的场所的植物

光照条件好且风力较强的地区，是指高台、海边、屋顶、高层公寓的阳台等地。没有比这些地方更恶劣的生长环境了，而且土壤比想象中更容易干涸，一天偷懒没浇水，植物很有可能便就此枯萎。夏季若早上忘记浇水，晚上再补浇也可以。如果做不到定期浇水，最好还是安装自动灌溉装置进行管理。

除了这里介绍的植物之外，还推荐种植牛至、百里香、鼠尾草等香草植物，或从禾本科、龙舌兰以及“对应植物②-1”中选择。

灌木迷南香

Westringia fruticosa

唇形科迷南苏属　常绿灌木

最终树高：1.0~2.0m

花朵观赏期：4—10月　花色：淡紫色

给人以柔美印象的常绿灌木

又名“澳洲迷迭香”，花与叶的形状与普通迷迭香相似，但该品种枝干较长、叶子轻薄，给人留下柔美亲切的印象。从春季到夏季，开着淡蓝色的花。耐寒性稍弱，因此根据种植地点的不同，植物受到冷风后叶子有受损的可能。此外，管理起来相对容易，在沙土地中也可种植，且耐潮湿的海风。推荐新手种植。/③

蓝色岩旋花

Convolvulus sabatius

旋花科旋花属　耐寒性多年生草本植物

株高大小（最盛期）：0.1~0.2m

开花期：5—9月　花色：白色、淡紫色

最适合在有高度的花坛内种植

旋花属植物（喇叭花）分布横跨温带、亚热带地区，有200~250个品种，包括花开后便枯萎的一年生植物，以及可以安全越冬且每年开花的多年生植物两种类型。本书推荐多年生的蓝色岩旋花，其耐高温，不喜严寒，只要在光照充足的地区即便气温接近0℃也无妨。白色和淡紫色的花清新自然，可以长时间尽情欣赏。上市时间较短，发现之后最好立刻买下。/④

迷迭香

Rosmarinus officinalis

唇形科迷迭香属　常绿灌木

最终树高：0.5~2.0m

花朵观赏期：4—6月　花色：紫色、粉色

使用频率第一名

常绿植物，生长强健、耐寒耐暑，开花后可用于烹饪。一整年都被当作花园的“主心骨”，因此有光照的地区必然会选用该植物。品种从下垂性到直立性，花色丰富多样，有紫色、粉色等，可以根据种植场所的不同区别使用。养护管理时，及时修剪一下就好，新手也可以放心种植。夏天仅需要注意叶螨问题。/③

硬毛百脉根“硫黄”

Lotus Hirsutus 'Brimsutone'

豆科百脉根属　耐寒性多年生草本植物

株高大小（最盛期）：0.5~1.5m

开花期：6—8月　花色：白色、粉色

柠檬绿的优雅小叶

原产于地中海沿岸地区。从根部附近开始长出分枝，十分茂盛，呈圆簇状横向扩散。被银白色的毛所覆盖的亮绿色叶子非常可爱。初夏时分，开着带有一丝淡粉色的白色小花，并结出褐色的果实。虽然兼备耐寒性、耐暑性，但不喜闷热。因此除了在有一定高度的花坛内种植之外，在平地种植时，开花之后需要保证修剪后的植株通风良好。/③

沙枣

Elaeagnus angustifolia

胡颓子科胡颓子属　小型落叶乔木

最终树高：4~6m　花朵观赏期：5—6月

果实观赏期：7—8月　花色：黄色

银色的叶子很漂亮

沙枣叶与橄榄叶相似，银叶是其特色。虽然看上去不起眼，但初夏时能开出香气怡人的黄色小花，随后结出长有果肉的果实。其果肉味甜，常被用于饮料及果酱的制作。植株生长发育较早，容易杂乱无章。因此，作为中心植物进行种植时，最好一整年都留出主轴部分的枝干，对周围部分进行修剪管理即可。萌芽力很强，枝干有刺，用作落叶树木的树篱也十分有趣。/①

对应植物②-3 在光照过强的场所可以盆栽种植的植物

在盆内种植管理攀缘植物，植株的生长便会受到限制，因此即便在地里种植时生长旺盛的多花素馨，盆栽时生长速度也会放缓。若采取盆内种植，在阳台也可种植。在公寓的阳台上安装金属栅栏或格子架，让植株攀爬缠绕在上面也不错。若想让其缠绕至木制门上，在木板上用铁丝固定，便可将植株牵引过来。除此之外，亚洲络石、常春藤、绣球藤等同理。绣球藤在炎热天气中枯死的情况较多，因此可采用较大的花盆，或安装自动灌溉装置等措施进行应对。

葡萄

Vitis vinifera

葡萄科葡萄属　攀缘灌木

最终树高：5~10m

花朵观赏期：5—6 月　果实观赏期：9—10 月

果然还是想要其果实！

葡萄是世界上产量最多的果实之一，品种有数千种之多。耐干燥，不论是地里种植还是盆内种植皆可。对于新手来说，推荐种植容易上手的品种“美国坎贝尔”或“德拉瓦尔”。虽然有时会受到病虫害的影响，但由于自家果实并非是为了销售，因此在管理上无须过分讲究。结出的葡萄果实姿态优美，即便有些酸，但依旧可以品尝到收获的喜悦。/ ⑤

对应植物③ 为了在冬季也可享受到花园的乐趣而选择的植物

这里推荐能为鲜有绿色的冬季带来精彩的植物。冬季必备的铁筷子花色丰富多样，植株强健，管理方便，是一种非常适合新手种植的多年生草本植物。苦楝虽是落叶乔木，但挂在枝头的果实十分可爱，也很推荐。野樱莓同样如此，即便在落叶之后，铃铛般的红色果实也能用于观赏。此外，秋季种植的球根类植物整体来说都很不错。雪莲花、番红花等在秋天种上球根后，2 月下旬便能开花。除此之外还有瑞香、野扇花等树木，以及冬季开花的小木通、平坝铁线莲、报春花等。

木藤蓼

Polygonum aubertii

蓼科何首乌属　落叶攀缘灌木

株高大小（最盛期）：3~10m

开花期：6—9 月　花色：白色

盆栽同样便于管理

原产于中国西部的西藏地区。从夏季到秋季，开着一串串白如积雪般的小花，因此也叫夏雪葛。生长发育非常早，每年能长 2~5 米，常被用作高速公路边的绿化植物。之前我们在家里种植过，但长势惊人，所以以盆栽控制大小更合适。还有红花的品种“粉色火烈鸟”。/ ⑤

铁筷子（圣诞玫瑰）

Helleborus

毛茛科铁筷子属　耐寒性常绿多年生草本植物

株高大小（最盛期）：0.5~1.2m

开花期：12 月至来年 4 月

花色：白色、绿色、红色、粉色等

在冬天绽放色彩雅致的花

常绿多年生草本植物，在花朵稀少的冬季却开着色彩缤纷的花。习性强健，在严重背阴处也可生长，几乎不生病虫害，因此在背阴处通常都会种铁筷子。只有黑嚏根草这个品种在圣诞节期间开花，其他品种大概在 2 月之后才开花。植株含有毒成分，不食用的话并没有问题，但需要注意防止宠物误食。推荐新手种植。/ ③

楝

Melia azedarach

楝科楝属　落叶乔木

最终树高：7~10m

花朵观赏期：5—6 月

果实观赏期：10 月至来年 1 月

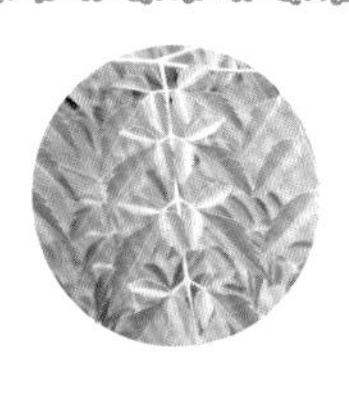

可以尽情欣赏叶隙间光影的树

原产于中国和日本，是种植在气候温暖地区的落叶树木。直至最终长成，树形都不太好看，伞状的树形最适合打造树荫，常被用作法国南部道路两旁的街边树。生长较快，虽然可以进行强剪，但最好在宽阔的地点种植。初夏开着淡紫色的小碎花，之后便结出小巧可爱的圆形果实，落叶后依旧留在树上，可供长时间观赏。/ ①

对应植物 ④

选择好打理、不费工夫的植物

习性强健，不生病虫害，容易打理，生长缓慢，不会被气候条件所影响，这样的植物可以推荐给不擅长打理花园的人。无论种植在何处，它们皆可绽放出成簇的花，几乎不需要修剪和打理。除了这里介绍的植物之外，还推荐种植香港四照花、石斑木。多年生草本植物中还包括百子莲、铁筷子、阔叶山麦冬等。虽习性强健，但像瓜拉尼鼠尾草、白头婆、薄荷、活血丹那样地下茎蔓延迅速、生长杂乱的植株仍需悉心打理。

栎叶绣球

Hydrangea quercifolia

虎耳草科绣球属　落叶灌木

最终树高：1.5~2.5m

花朵观赏期：5—8月　花色：白色

推荐清单里排名第一的灌木

原产于美国东南部地区。有单瓣花和重瓣花两种类型，首推单瓣花品种。它生长较慢，树形聚拢集中，花期较长，是可以欣赏红叶的优良品种。几乎不生病虫害，在背阴处也可生长。即便与其他绣球搭配种植，由于叶的形状各不相同，因此可以尽情观赏。请务必将其作为宽阔花园的“主心骨”。/ ②

玉簪

Hosta

百合科玉簪属　耐寒性宿根植物

株高大小（最盛期）：0.3~1.2m

开花期：4—7月　花色：白色、紫色

观叶植物的经典选择

大部分生长在背阴处，喜好腐殖质丰富的土壤。原产于日本的品种较多，且适宜日本的气候条件，长势良好。每年都会长出很多新芽，但不会蔓延开，因此无须费心管理。若在宽敞的花园内种植，植株较大的品种也可以，但将小型品种进行组合搭配，更能衬托出植株的特色。推荐西方品种“翠鸟”（Halcyon）和日本的花叶玉簪。

黄水枝

Tiarella

虎耳草科黄水枝属　耐寒性多年生草本植物

株高大小（最盛期）：0.2~0.4m

开花期：3—4月　花色：白色、粉色

最适合用于耐阴花园

在阴处的花园内，黄水枝是一种可以供人观赏花和叶的优秀植物。作为常绿植物，植株通过根茎生长蔓延，莲座状的叶丛并不会继续变大，即便放任不管也没关系。矾根属植物若下叶脱落，会像块茎山嵛菜那样露出茎部，但是黄水枝几乎没有这个问题。数株集群种植，效果会更好。其中，心叶黄水枝的形态简约大方，推荐种植。/ ④

粉叶栒子

Cotoneaster glaucophyllus

蔷薇科栒子属　常绿灌木

株高大小（最盛期）：0.5~1.0m

花朵观赏期：5—6月

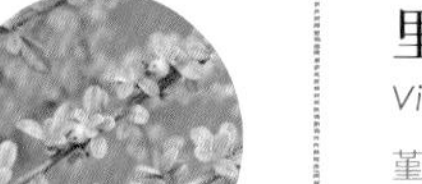

尽情欣赏银色的叶子

原产于中国西南地区。在栒子属的植物之中，粉叶栒子是生长速度相对较缓，可供全年欣赏的品种。独特的脏灰绿色叶子以及秋天结出的红色果实是其主要特征。可在低处形成灌木丛状，成簇生长，十分茂盛，因此无须费心管理。虽是银叶，但不必担心夏季高温高湿的闷热天气，无病虫害，推荐新手种植。/ ③

里文堇菜

Viola riviniana

堇菜科堇菜属　耐寒性多年生草本植物

株高大小（最盛期）：0.1~0.2m

开花期：11月至来年4月　花色：紫色

黑紫色叶子的地被植物

它也被称为“黑色紫罗兰”，别致的配色衬托出紫色的花，十分雅致。虽是宿根植物，但在气候温暖的地区，冬天仍能留有叶子，且与日本的堇菜不同，它的叶子并不会继续长大。由于不耐夏季的酷暑和闷热天气，在半阴处种植最为理想。/ ④

细梗溲疏

Deutzia gracilis

虎耳草科溲疏属　落叶灌木

最终树高：0.4~0.8m

花朵观赏期：4—5 月

开纯白色花的小型灌木

原产于日本的溲疏，树高不会过高，是一种习性强健的品种。病虫害较少，开花之后长出的枝丫垂到地上即可扎根，继续蔓延生长。在肥沃的土壤种植时可长成健壮的植株。无论是在光照良好还是在半阴处皆可生长，但不耐干燥，因此应避免种在夏天有强光直射的地方。花期较短，但细小的叶子可以用作基础绿植。/ ③

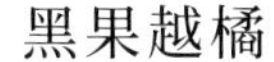

黑果越橘

Vaccinium myrtillus

杜鹃花科越橘属　落叶灌木

最终树高：0.5~1.0m

花朵观赏期：4—5 月　果实观赏期：6—8 月

可结出有益于视力的果实的树

黑果越橘的花青素含量是其他蓝莓的 3~5 倍，作为健康食品有很高的营养价值。具有自花授粉结果的特点，因此易于结果、习性强健，推荐新手种植尝试。向阳至半阴环境均可种植，在混有泥炭的弱酸性土壤中种植时长势良好。其缺点是不耐干旱，仅需要注意干涸断水问题。果实无论是生食还是制成果酱都很美味。/ ③

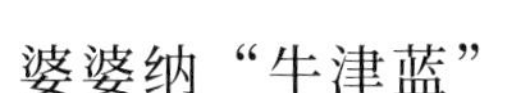

婆婆纳“牛津蓝”

Veronica peduncularis 'Oxford Blue'

玄参科婆婆纳属　耐寒性多年生草本植物

株高大小（最盛期）：0.2~0.3m

开花期：4—5 月　花色：蓝色

颜色鲜亮的蓝色草垫

它是婆婆纳中颇为强健的品种，推荐新手种植。匍匐生长，可长成十分茂盛的草垫状。即便放任不管也没关系，在闷热的夏季开花后只要及时进行修剪便可保证植株通风良好，因此在植株长大之后进行管理即可。在气候温暖的地区，残叶会由古铜色变为红色，鲜亮的蓝色小花非常漂亮。其同属的平卧婆婆纳也值得推荐。/ ④

必须要有能成为花园焦点的植物

外观引人注目的植物，也被称之为“建筑植物”“吸引眼球的植物”。剑形的新西兰麻、朱蕉、龙舌兰、龙血树等最适合成为焦点植物。此外，选用垂枝形或棕榈类那样树形特殊的植物，也可使空间布局富于动感。即便是同一品种，颜色形状不同也会给人不同的印象。比如，红叶的新西兰麻色彩饱和度高；绿叶的体型较小可以营造出轻松舒适的氛围。仅用“建筑植物”打造的角落也十分有趣，这将营造出现代感十足且风格硬朗的花园。

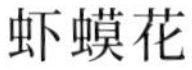

虾蟆花

Acanthus mollis L.

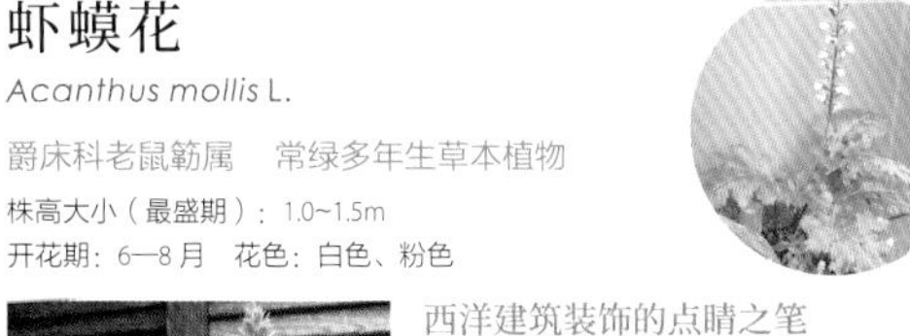

爵床科老鼠簕属　常绿多年生草本植物

株高大小（最盛期）：1.0~1.5m

开花期：6—8 月　花色：白色、粉色

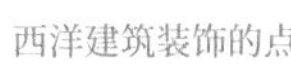

西洋建筑装饰的点睛之笔

其造型精美的叶子常被用于欧式建筑的装饰。种植场所从光照良好到稍背阴处皆可，不挑土壤。根部如牛蒡一般蔓延生长，因此需要一定的生长空间。可以种植在乔木周边或者花坛的中央也很合适。具有耐寒性，需要注意叶子受寒风影响有受伤的可能。/ ③

新西兰麻

Phormium

阿福花科麻兰属

半耐寒性多年生草本植物

株高大小（最盛期）：0.3~1.8m

针状植物引人注目

原产于新西兰地区。与众不同的造型最适合成为花园的焦点。习性强健，不挑土壤。虽然个别品种能耐 -10℃的低温天气，但标准越冬温度为 0℃。品种包括铜叶、黄叶、竖条纹等，丰富多样。不耐高温，但无病虫害。打理时去掉旧叶即可。与玉簪花、大型蕨类搭配，颇有硬朗风格，十分有趣。/ ③

对应植物
⑥

通过习性强健且养护简单的月季和蔷薇来感受花的魅力

月季和蔷薇常常被人们视为“虽然想尝试种植一次，但太费工夫，有些困难”的植物，也的确存在容易患病虫害的品种。但是，一开始有一些病虫害是正常的，不妨用这样的心情去尝试种植。为了保持完美的种植状态，稍有虫子便在意，这样就使得种植本身也会成为一种压力。月季和蔷薇之中也有原本就习性强健，不易生虫害的品种。特别是接近原种的野生蔷薇品种，习性非常强健。野蔷薇虽花朵小巧朴素，但容易打理，其小果实也可供观赏。此外，开着大片粉色花朵的藤本月季“东方亮”，虽然刺大不便牵引，但即使在恶劣的光照条件下亦可茁壮生长。

月季“冰山”

Rosa 'Iceberg'

蔷薇科蔷薇属　落叶灌木

最终树高：约 1.5m（藤本冰山月季约 5m）

花朵观赏期：四季开花（藤本品种开一季）

花色：白色、粉色

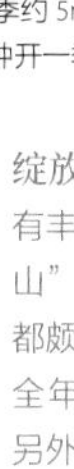

绽放着大朵纯白色的花

有丰花月季“冰山”和藤本月季“藤冰山”两种，后者是前者的芽变种。习性都颇为强健，其中丰花月季正如其名，全年持续绽放大量花朵，带有微香。另外，藤本月季 5 月开花，仅开一季，香气十分浓郁。柔软的枝蔓任其自然生长即可，无须费心修剪，当然剪掉也无妨。/ ③⑤

蔷薇“邱园”

Rosa 'kew gardens'

蔷薇科蔷薇属　落叶灌木

最终树高：约 1.5m

花朵观赏期：四季开花

花色：白色

四季盛开的无刺单瓣花

清秀的单瓣花，从春季便开始持续开花。花苞较小时呈淡淡的杏色，随后逐渐变为纯白色，散发着微弱的柠檬香气。身为蔷薇虽略显朴素，但几乎无刺、不易生病，是蔷薇中管理十分简单的品种。盆内种植同样容易成活，也推荐在阳台种植。/ ③

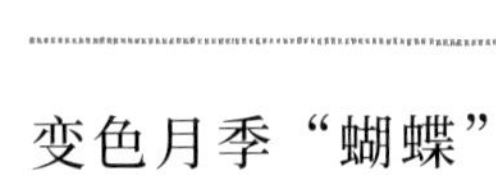

变色月季“蝴蝶”

Rosa Chinensis 'Mutabilis'

蔷薇科蔷薇属　落叶灌木

最终树高：1~2.5m

花朵观赏期：四季开花　花色：奶油色 ~ 杏粉色

也被称为“蝴蝶月季”

它是中国月季中中轮单瓣的强健品种。飘逸的花瓣，奶油色、杏色、深粉色的花色变幻多姿，散发着淡淡的香气。在气候温暖的地区生长植株较大，因此最好给种植留有一定的空间。与古铜色叶品种的中型灌木搭配，更能够衬托出花的魅力。病虫害相对较少。/ ③

木香花

Rosa banksiae

蔷薇科蔷薇属　落叶灌木

最终树高：3~7m

花朵观赏期：4—5 月　花色：黄色、白色

可立体应用的攀缘小灌木

原产于中国，花色通常为黄色，白色花也非常可爱，十分推荐。香气怡人且无刺，与其他蔷薇相比几乎不生病虫害，容易打理。但是因其攀缘性，生长十分茂盛，所以在沿着较大的墙面或建筑物牵引时，有必要经常对其藤蔓进行修剪。虽然在半阴处种植开花较难，但仍可成活。/ ⑤

对应植物⑦ 能为花园构建、营造出自然风光的植物

用绿色装点地面或构造物的表面，花园看起来充满自然之感。构建立体感、营造自然风格的藤蔓植物，生长在脚边进而覆盖地表的匍匐植物都十分有用。本页介绍了借助走茎或地下茎生长、匍匐在地面的植物，适合种植在台阶的间隙、地面以及墙壁上，让空间显得柔和自然。

除了这里列举出的植物之外，还推荐马蹄金属、飞蓬、铜锤玉带草、委陵菜属植物。在需要立体感的地方运用薜荔、亚洲络石、花叶络石等用气根攀缘的植物也不错。虽然爬山虎会给人以自然的氛围，但生长过于茂盛，有时甚至会把房屋完全覆盖，因此并不推荐。有气根的攀缘植物仅限于用在栅栏、院墙等外围的墙面。

常春藤叶堇菜

Viola hederacea

堇菜科堇菜属　耐寒性多年生草本植物

株高大小（最盛期）：0.1~0.2m
开花期：3—6月
花色：白色~蓝色

最适合在台阶间隙处种植

原产于澳大利亚东南部地区，也被称作“熊猫堇”。长着心形的小叶，匍匐茎呈垫状蔓延生长。比较强健，但由于堇菜的特质，盛夏阳光的直射会造成焦叶。此外，霜有时会造成叶子受损，地上部分枯萎的情况，需要注意。最适合种植在墙壁、柱子的底部或者台阶的间隙处。/④

过江藤

Phyla nodiflora

马鞭草科过江藤属　常绿灌木

株高大小（最盛期）：0.1~0.2m
开花期：6—9月
花色：白色、粉色

垫状蔓延的花朵绒毯

原产于南美地区，适合种植在光照和排水较好的场所。耐暑耐寒，无须特意打理，但在背阴处无法顺利成活。一旦生长条件合适，植株便生长旺盛，好似吞噬其他植物般蔓延，因此它也像草坪一样采用垫状的方式贩卖。开着类似于马樱丹的小花，枝干过长时无论什么季节都可随时修剪。/④

花叶地锦（川鄂爬山虎）

Parthenocissus henryana

葡萄科地锦属　落叶攀缘灌木

最终树高：8~10m
花朵观赏期：5—7月　果实观赏期：9—11月

呈现出略显野性的氛围

原产于中国。叶子内侧略带紫色，层次鲜明，十分漂亮。向阳处至背阴处皆可种植。在背阴处种植虽然无法开花，但叶脉会泛白色，也很好看。相比日本的爬山虎，该植物自身附着性较弱，管理起来相对容易。若光照条件好便会开花，可以欣赏到富有层次的冷色系果实。/⑤

野草莓

Fragaria vesca

蔷薇科草莓属　耐寒性多年生草本植物

株高大小（最盛期）：0.1~0.2m
开花期：4—6月　果实观赏期：9—10月

结着红色果实的地被植物

又名“森林草莓”。不耐闷热，因而喜好光照充足、排水优良的土壤。若不在乎是否结出果实，可以无须费力打理。凭借着草莓特有的走茎如杂草般蔓延生长。果实可以直接食用，但大部分用于加工或者用于糖果的着色。在盆内种植管理，更易于收获果实。/④

对应植物 ⑧ 不会过于素雅，适合作为篱笆的树木

树篱的好处在于可以增加绿色、营造自然的氛围，相比安装栅栏或墙面成本也更加低廉。但是有必要进行定期修剪等管理。有时根据地区不同，在面向道路侧种植时（日本）政府部门会给予一定的补助金。一般来说，通常使用常绿树，但有时也会选用山毛榉等落叶树。枯叶留在残枝上时，会营造出独一无二的氛围。

这里介绍的树木是适合从现代风格到自然风格花园的叶子较小的品种。除此之外，还推荐有一定高度、叶子茂密的阔叶树——乌冈栎。为了修剪造型方便，也有专门适用于园林造型的品种。

莱兰柏

Cupressocyparis leylandii

柏科杂交柏属

最终树高：5~8m

可以完全遮挡住视线的篱笆

生长较快且有萌芽力，耐强剪，因此大多被应用为树篱。叶子为深绿色，经过修剪后，枝叶虽茂密却不易闷热，通风良好，从而形成墙面般美丽的篱笆。根系的生长有时不足以支撑地上部分，树长到一定高度时，有时需要设立支柱。在半阴处种植时，叶子的密度虽会减少但仍可生长，推荐种植。/ ②

小蜡

Ligustrum sinense

木犀科女贞属　常绿灌木

最终树高：2.5~3.0m

花朵观赏期：5—6 月

明快的自然风格篱笆

生长旺盛、耐受修剪，因此想要营造一个纤细明快的淡绿色隔断时，可尝试使用小蜡。无须修剪，成列种植便可自然而然长成篱笆。初夏开着白色小花，单株可作为中型树种植。虽为半常绿植物，但在气候寒冷地区的冬季，叶子也会完全掉落，需要注意。有斑点的花叶品种也很受欢迎。/ ②

对应植物 ⑨ 打造自然氛围的隔断时所需的树木

隔断处适合种植叶子较小且生长茂密的常绿树。除了可以作为过渡到花园等地的隔断，种植在建筑物的缝隙处也可达到使人工素材与绿色融为一体的效果。在其他植物纷纷落叶的冬季，隔断处仅留的一抹绿色也可为花园增添一丝色彩。 地中海荚蒾、油橄榄、厚叶石斑木等植物可以根据最终的树形分别用作间隔、树篱。锦熟黄杨容易生虫害，并不推荐。此外，赤楠属于热带性植物几乎不耐寒，选用赤楠时必须在光照充足的地方种植。

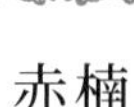

赤楠

Syzygium buxifolium

桃金娘科蒲桃属　小型常绿乔木

最终树高：1~8m

花朵观赏期：7—8 月　果实观赏期：10—11 月

叶子富有光泽且柔软

它是日本南九州、冲绳等地的常绿灌木，也被称作“赤铁”，可在关东以南的临太平洋一侧生长。初夏开着白色的花，11—12 月时会结出黑紫色的小果实。果实在原产地被认为可食用。通过修剪调整外形后，因其具有萌芽力和恢复力，所以经常长出侧芽，因此大多被用作树篱。/ ③

滨柃

Eurya emarginata

山茶科柃木属

最终树高：2.0~2.5m

在间隔处种植的习性强健的常见品种

富有光泽的深绿色叶子生长茂密，枝干处经常长出分枝。比起黄杨特别是锦熟黄杨，不易生病虫害，正如其名具有耐潮性，管理简单，习性强健，适合种植在较低的间隔处。其名虽给人日式的印象，但根据不同的使用方法皆可应用于现代风或自然风，是一种优秀的常绿灌木，推荐种植。/ ③

第 5 章

不要被恶劣条件吓倒，开拓生活新局面的造园方案

Improve bad conditions, and make better garden which gives you good living.

光照恶劣、昏暗、空间狭小……在这些一般被认为是恶劣条件的空间内，与花园共渡难关反而是十分有趣的事情。克服各式各样的恶劣条件，甚至变废为宝、化腐朽为神奇，下面将介绍在恶劣条件里逆袭成功的5座花园。

Successful garden style 1

成功逆袭的造园案例

如何打造北向花园，优美的法式风格花园

富有质感的砂浆高墙，铺满石板的地面，稍有装饰性的两侧翼壁……这是一座让人联想到欧洲街道上富有纵深感的花园。黄绿色的刺槐叶子，让这座朝北的花园看起来光彩夺目。

黄绿色叶子让朝北的花园变得明朗

一提到四周被邻居家包围且面朝北的花园，就会觉得造园到处都是难点，但实际上这样的花园既有劣势也有其优势。由于花园的四周被包围，更容易营造出私人空间。而且花园有一定的纵深感，有部分地方是有着足够光照的。

为了能遮住从周围建筑物看过来的视线，水泥院墙的高度设为 2.4m。为了不给人压迫感，在墙面安装了格子架，让攀缘植物尽情攀缘蔓延。在面积广阔却煞风景的里侧墙壁处，设置了适合展示杂货的中央操作台。花园门口两侧的翼壁经过匠心设计，从玄关侧无法一览花园四处，从而增添了私密感，营造出纵深感。植物则从原本就有的刺槐开始，使用颜色鲜亮、具有耐寒性的品种。植栽以绿色为中心，装饰些应季的组合盆栽或切花，为宁静安逸的空间增添了色彩。

改造前

杂草丛生的荒废中庭。老化的边界墙换为钢筋混凝土墙壁。

改造后

空间变身为由墙面和石板环绕的静谧安逸的空间。

数据

所在地：东京
占地面积：约 300m²
花园施工面积：约 40m²
工期：总计 35 天
构造物：墙面、阳台、台阶、通道、水龙头、操作台、收纳架、格子架
使用素材：水泥、砂浆、松木、风铃木

用两棵树木和高墙来遮住邻居家的围墙

单棵的光蜡树、眼前的刺槐以及钢筋混凝土墙面，用三种元素交织组成的围墙，遮挡住邻居家引人注目的外墙，打造出都市之中的秘密花园。

攀缘植物的绿色把墙面的整体印象变得轻松愉快

让月季藤条缠绕到安装在墙面上的格子架上。施工结束半年后植物便会大幅生长蔓延，让人感觉不到高墙的存在。将空调外机罩刷为藏青色，与四周空间融为一体。

用黑白搭配的墙壁来变换风格

黑墙是为了搭配通道前原有的铁制隔断而设置的。途中变为白墙，正好换个风格氛围。地面铺装的玄武岩是火山岩的一种，与静谧的黑色交相呼应。

克服恶劣条件的栽种方式与想法

朝北位置也可栽种

用攀缘植物装点墙面

高高的墙面上长满了花叶地锦、日本钻地风等攀缘植物。在光照条件良好的地方种植月季和蔷薇，再牵引至格子架上。绣球钻地风可用金属丝辅助固定，再让它蔓延至墙壁处。

月季“冰山”

花叶地锦

绣球钻地风

为宁静的空间添加色彩绚丽的花

用白色的绣球、花色素雅的耧斗菜和铁筷子营造出宁静雅致的氛围。粉色的绣球花自然地成为花园的焦点。

铁筷子

粗齿绣球

秋色绣球

使用叶色鲜亮的植物

种植在刺槐身后的光蜡树能够衬托出刺槐鲜亮的叶色，植株整体给人以干净明朗的印象。也可在中型灌木或地被植物中使用斑叶植物或叶色鲜亮的植物。

刺槐

花叶羊角芹

绣球

白棠子树

玉簪

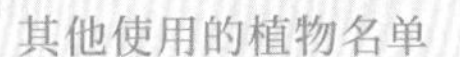

其他使用的植物名单

○树木

光蜡树、加拿大唐棣、圆锥绣球、滨柃、麻叶绣线菊、栎叶绣球

○多年生草本植物

落新妇、马蹄金、紫叶堇菜、野芝麻属、千叶兰、百里香、百子莲、老鹳草、薜荔、玉山悬钩子等

发挥植物特色的建造创意

能够营造出带有细微差异的设计

在两侧装饰性的翼壁处，营造出具有柔美风格、带有细微差异的氛围，以玉簪为焦点，打造出富有北欧风情的花园。在地面铺上色调雅致的玄武岩，经过风蚀过后愈发凸显出墙面的白色。将简单大方的收纳架置于翼壁一旁，从大路上往花园里看时看不到它。如果整面墙被植物掩盖会给人空间狭小的印象，因此安置了中央操作台作为展示空间。

翼壁

玉簪

石板地面

收纳架

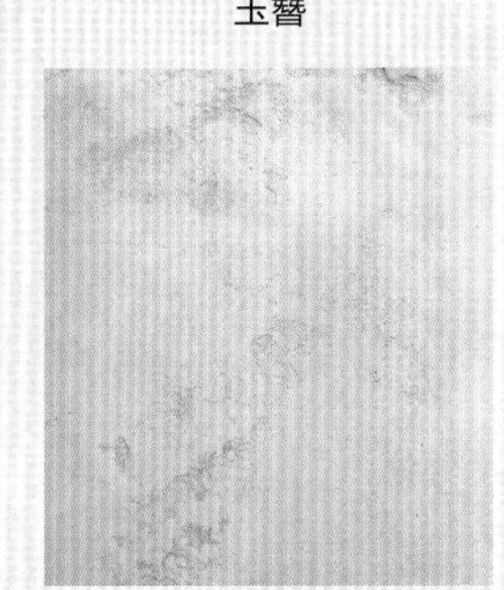
粉刷风化后的灰泥

操作台

用额外的小装饰打造更具时尚感的花园

花园杂货摆件和花盆是园主乐于展示的物品。把洋蓟置于植物之间成为焦点，种着粉色绣球花的花盆同样作为展示品摆放其中。位于花园中间的花园用桌子和现代风的椅子让空间变得轻快明亮。操作台下的绍兴酒酒坛、铁艺栅栏等为北欧风格的花园增添了一丝东方风趣。

杂货

盆栽

花园杂货

铁艺栅栏

台阶

桌椅

Successful garden style 2

成功逆袭的造园案例

在狭窄的道路旁造园，任何地点皆可大变身

在狭小的区域内不仅可以种植植物，也可以打造花园。将墙面、通路作为花园的一部分来考虑的话，便扩大了造园的可能性。最大限度地灵活运用有限的空间，用我们严格选出的植物来打造出时尚精美的花园吧。

有效利用毫无纵深的小院

在狭小的区域内造园时，必须高效利用每一寸土地，严格选择符合条件的植物进行种植。房主希望尽可能多地种植植物，以供欣赏，因此我们选用了 3 种类型的月季，让它们沿着拱门生长蔓延。

在隔断墙的门北侧种植莱兰柏的树篱，以遮挡从外部而来的视线。南侧主要种植落叶树，并在隔断处使用了简洁的铁架。作为主景树的紫薇、穗花牡荆等小叶植物营造出轻松时尚的氛围和花园的纵深感。深色色调的砖墙与开着紫花的紫薇、深红色的千日红、粉色的长春花等鲜亮浓重的色彩相辅相成。由于该地属景观地区，需种植规定数量的树木，所以相比一般地区种植了更密集的中低灌木。将来需要进行修剪。

改造前

刚刚接手该建筑时，建筑与道路间有着出乎意料的坡度，因此需要增加台阶的数量。

改造后

宽敞的玄关门廊，阴凉处也给人小巧精致的印象。

数据

所在地：东京
占地面积：约 110m²
花园施工面积：约 35m²
工期：总计 25 天
构造物：栅栏、通道、饮水点、储藏室、台阶、铁架、门柱、大门
使用素材：仿古砖、砂石、柏木、松木、铁云杉、杉木、熟铁铁艺

将常绿树木用作树篱

北侧为莱兰柏的树篱，南侧是铁架和植栽，从而形成了天然隔断。选择设计简约的铁架并不会影响植物的整体印象。将来喷雪花、美洲茶、穗花牡荆、地中海荚蒾等也会起到树篱的作用。

砖瓦富有质感
打造宁静的空间

门柱的砖块与外墙的色调很协调，地面若仍使用同样的色彩，便会给人死气沉沉的印象，因此应选择色彩明亮的仿古砖。紫薇、穗花牡荆等小叶树木可以适当地遮挡住建筑物，享受花园所带来的纵深感。

OBAKETSU

铺满砖瓦，打造富有质感的空间

玄关前的地面上铺满了富有质感的比利时仿古砖。为了让它们给人自然生苔的感觉，可将砂石铺在接缝处，防止杂草丛生。

用大大小小的植物装点狭窄的小路和花坛

为了在南侧道路的两侧也能观赏到植物，可设置特定的种植空间。左右两侧若留出同样的种植空间，人们便会寸步难行，因此可种植交替生长的植物。只有狭长的道路才能营造出如此的纵深感。

克服恶劣条件的栽种方式与想法

狭长的场所也能打造出出色的花园

在树木之中引入一年生草本植物后所带来的变化

在狭长的空间内打造花园时，需要防止树木生长得过大，及时进行修剪以抑制植物的生长发育。花坛或种在树下的一年生草本植物，可根据房主的需要自行栽种，并用当季的花植进行点缀。

长春花

千日红、蓝花鼠尾草

玉簪

白及

光蜡树

喷雪花、柳穿鱼

柠檬

充分活用狭小空间的施工构想

充分合理地利用狭小空间

给道路旁的空调外机安装上保护罩，便可在上面放置花盆。在立式水龙头旁边安装上架子作为点睛之笔。储藏室旁的水龙头无须装饰，简约自然即可。储藏室也可遮挡住外界的视线。

铁架

装饰架

水龙头柱

空调外机保护罩

储物仓库

立式水龙头

砖瓦地

Successful garden style 3

成功逆袭的造园案例

让昏暗的花园焕发光彩！用白色甲板打造明亮自然的空间

虽然是朝南的院子，但是离邻居家较近，光照并非那么充足。为了让昏暗的空间尽可能地变得明朗，可将构造物统一为白色。耐阴的乔木或多年生草本植物，使得清新简约的甲板愈发明亮自然。

用白色的甲板和植物，打造明朗豁亮的花园

该花园狭小且几乎没有光照，2 层的阳台向外突出。为了能够实现“让它给人明快的印象”这一愿望，可将构造物粉刷为白色，带给人明朗豁亮之感。为了与房间营造出一体感，有时也与室内地面的颜色相协调，但若将这里的地面粉刷为白色，也可以起到反射光的作用。爬藤花架并不能遮挡住阳光，主要是为了防止从房间一眼就看到邻居家的屋顶才设置的。加拿大唐棣树下种植的多花素馨的藤蔓可避开爬藤花架，直接将其牵引至格子栅栏处。

台阶下的东侧区域比起甲板上部光照条件较差，属背阴花园。可以选择种植欧活血丹、玉簪、大花六道木“五彩纸屑”、阔叶山麦冬等耐阴性较好的植物。其中，欧活血丹最适合种植在该处，可将地表完全覆盖。长椅两侧的花坛比地面高一些，使得空间错落有致。正因为花坛有一定高度，因此打理起来也相对容易。

改造前

南面的花园毗邻邻居家的水泥板和屋顶，光线较昏暗，且与地基之间有高度差，所以没有充分使用。

改造后

客厅的高度与甲板处完全契合，形成一整个平面，并形成了从室内轻松延伸出来且可灵活使用的空间。

数据

所在地：东京
占地面积：约 132m²
花园施工面积：约 23m²
工期：总计 25 天
构造物：甲板、栅栏、爬藤花架、储物仓库、长椅、花坛、饮水点
使用素材：砖瓦、松木、铁云杉、风铃木、杉木

砖瓦堆砌的花坛是纯白色空间的焦点

将栅栏与甲板等构造物都统一为白色。建筑所用的建材与同色调的砖瓦堆砌后，花坛处便成了花园的焦点。长椅的座面可以打开，内部可用作花盆等物件的收纳。

用台阶打造具有高低差且富有变化的花园

最初计划在花园内全部铺满木制甲板，但之后在东侧安装了台阶并设置了储物空间。在对设计稍作变动之后，花园便有了延伸感。门安装在木制甲板的西侧。凭借缠绕在格子架上的绣球藤，营造出自然之感。

英式风格的立墙与蔷薇和常绿树相搭配

为了能以蔷薇为中心，即使在冬季也可尽情欣赏绿植，可在玄关通道的花坛处种植迷迭香、油橄榄等习性强健的常绿植物。

克服恶劣条件的栽种方式与想法

半阴处也可栽种的植物

选择具有耐阴性的树木和多年生草本植物

加拿大唐棣是即便在半阴处种植亦可结出果实的珍贵果树。两年期间便可长高 1.5 倍。白鹃梅虽然较易生白粉病，但若生长环境适宜，也能够十分健康茁壮地生长。长大后高度最多为 2.5m，因此推荐种植在住宅院内。大概于 2 月底至 3 月初期间开花，树上开满白色的花，非常漂亮。甲板下种植的铁筷子和欧活血丹也是在半阴处十分常见的植物。

白鹃梅

欧活血丹

铁筷子

加拿大唐棣

油橄榄

大花六道木“五彩纸屑”

充分活用狭小空间的构想

活用死角、增加收纳区

将台阶或甲板扶手处的高度调低能减少压迫感，且营造出独一无二的时尚感。也可在台阶处加以花盆点缀，欣赏立体的陈列氛围。在甲板下进深 1m 左右的空间设置地下收纳区域，用来储放较重的东西。甲板下的储物空间设置了横向开门装置，以便从甲板外侧就能看到这个可爱的设计。从大路进入花园的时候，安装在正面的窗户则成了花园的焦点。为了避免从客厅直接看到邻居家的屋顶，因此安装了爬藤花架。

小窗与架子

储藏室

地下收纳

砖砌花坛

楼梯

爬藤花架

Successful garden style 4

成功逆袭的造园案例

让狭小空间焕发魅力，从叶隙间照进阳光的迎宾花园

虽然花园十分狭小、毫无纵深，但仍想打造出独特的花园氛围。能够使用的地面种植空间只有玄关附近的 8 ㎡、前往后院的小路以及后院的 3 小处空地。最终选择以玄关前的空间为主，打造了迎宾花园。

用油橄榄打造的小前院

在这样一个几乎没有纵深、屋檐下阴影浓重的环境下，对植物生长来说条件固然严峻，但也正因如此，需要克服的缺点就十分明确。只要妥善地解决问题，依旧能打造出精美出色的花园。

该花园最大的特色是其白色砖瓦墙。借助一旁种植的油橄榄明确地划分出私人空间。为了避免让人感觉到花园空间狭小不适，将砖瓦墙的高度控制在 80cm 左右。在光照条件良好的墙壁外侧种植了百里香、迷迭香、鼠尾草等；内侧种植了加拿大唐棣、素馨花、荷包牡丹、黄水枝等，这样就能欣赏到墙壁内外两侧各具特色的花园了。为了与玄关门廊处的土陶色相呼应，地面也铺上了红色调的仿古砖瓦。在砖瓦接缝处铺上山砂，长出苔藓，营造自然的氛围。此外，为了方便在木制大门的内侧前往内院的小路上打造出特定的停车空间，地面处使用了可重复利用的扇贝贝壳这一铺路材料。

改造前

建筑施工时的样子。前方是死胡同，完全看得到外墙立面的布局。

改造后

光照充足，门面虽小，但栅栏和墙壁给人留下明快的印象。

数据

所在地：东京

占地面积：约 $80m^2$

花园施工面积：约 $28m^2$

工期：总计 25 天

构造物：墙壁、栅栏、门、格子架、储物仓库、通道

使用素材：仿古砖、柏木、松木、铁云杉、杉木

用高 80cm 的墙壁和油橄榄分隔空间

选用油橄榄和墙壁来分隔空间，即便没有大门仍能够让人一眼便看出花园的分界线。若仅用墙壁分隔空间便会造成昏暗的氛围，但若将树木作为墙壁的一部分便能很好地克服该问题。玄关一旁种植的美洲茶耐寒性较差，但在屋檐下光照条件较好，不仅可以顺利过冬，还生长茂盛。

用富有质感的花园杂货和茁壮生长的植物营造氛围

美洲茶前摆放着洒水壶和椅子。用复古风的物品来提升花园的氛围。墙壁内侧种植的黄水枝、小蔓长春花生长旺盛，覆盖住了地面上的砖瓦，从而营造出一种自然的氛围。

从家中望去自然风的储藏室

内院的储藏室设置在从家中能够看到的位置，并缠绕着素馨叶白英。新建时，用家里不用的彩色玻璃做成玻璃窗后，便成为花园的一大亮点。

克服恶劣条件的栽种方式与想法

用标志树给人留下深刻印象

适合狭小的花园，且给人留下亲切印象的树木

给人留下明快印象且强健的油橄榄，虫害较少，不挑土壤。加拿大唐棣叶子较小，给人留下柔和的印象。这样的植物即便在狭小的花园里，也不会产生压迫感。此外，还推荐花期较长的单瓣品种的栎叶绣球。

加拿大唐棣

油橄榄

栎叶绣球

在狭小的空间仍可栽种的植物

在缝隙处种植生命力旺盛的植物

千叶兰的生命力非常旺盛，在种植袋、花盆等间隔的缝隙处也能种植，十分推荐。这里种植在建筑物屋檐下打造的额外种植区内，夏季之前植株长得过长时，及时修剪即可。矮小的婆婆纳、铜锤玉带草、景天等属于容易保持身材的小型植物。墙壁前种植的乔木绣球“安娜贝尔”在白墙背景的衬托下，明亮的叶色和白花格外好看。玉簪虽能分株繁殖，但植株根部位置变化不大，因此不会泛滥，是一种方便管理的植物。

乔木绣球“安娜贝尔”

香堇菜

千叶兰、百子莲

美洲茶

小蔓长春花

新风轮

黄水枝

荷包牡丹

常春藤

Successful garden style 5

成功逆袭的造园案例

想要把花园的一部分打造为车棚，打造欧式田园风的家舍

想让孩子们放心地在花园内玩耍；想要打造一个客用停车区；想要一个郁郁葱葱的空间。为满足以上三个条件，我们打造了这个欧式田园风的自然舒适的空间。

听得到孩子们的欢声笑语，自然风格的绿色花园

为了能够在有限的空间内拥有更多功能，需要选定部分空间用作多功能空间。在这里，也可将孩子们玩耍的院子用作停车场。为了确保孩子们的人身安全，场地用木制栅栏围好，并铺上草地。可在车轮轨迹处安装上枕木和古董砖，当有客来访时摇身一变成为停车场。

在绿意盎然的空间内设置了一条玄关通道。用房主特别提供的鹅耳枥作为主景观树，在脚下种植乔木绣球“安娜贝尔”，主景树两侧种植丛生的落叶树，打造出一条绿色隧道。

此外，从外部能完全看到屋内的起居室也是房主的一大烦恼。在安装甲板平台之后该问题迎刃而解，与起居室相连的室外房间也得以完成。再让房主的停车位独立出来，考虑日常使用的便捷性和成本，选用了水泥铺装。

改造前

花园内仅有的停车空间。从道路上可以完全看到客厅起居室的内部情况。

改造后

仅将通常停着车的停车场独立出来，把客用停车场和通道部分当作花园。

数据

所在地：埼玉县
占地面积：约 130m^2
花园施工面积：约 64m^2
工期：总计 35 天
构造物：墙壁、栅栏、门、停车场、通道、甲板、花坛、台阶、门柱、爬藤花架
使用素材：水泥、枕木、红雪松、仿古砖、草坪

让大门与拱门处缠满绿色

拱门处缠绕着各种各样的铁线莲，其中绣球藤生长旺盛。铁艺门属英国的古董货，是正宗的英式风格造型。

用甲板平台连接室内与花园

安装甲板阳台后，仿佛给人一种房屋面积增加的感觉。与起居室相连，让房主拥有了更广阔的空间。用淡米色油漆刷好甲板平台之后，可营造出自然之感。装有水龙头的墙壁为了与玄关通道相协调，使用了古董砖。

可以尽情欣赏当季花植的林间小路

玄关通道的两侧种着丛生的落叶树，形成一条“林间小路”。自由选择大型树木、中型灌木、地被植物进行混合种植。春天的老鹳草、婆婆纳、毛剪秋罗、棣棠花、德国鸢尾、淫羊藿；初夏的玉簪、乔木绣球“安娜贝尔”；秋天的野棉花、日本紫珠的果实等，一年四季皆可欣赏到各式各样的花与果实。富有质感的古董砖铺成了人字形图案。

克服恶劣条件的栽种方式与想法

停车区旁的种植

考虑构造物的栽种方式

大门跟前可以种植矮小的多年生草本植物，内侧可以种植中型灌木。缠绕在拱门上的铁线莲可以起到协调美化栅栏的作用。停车区先按照车轮的痕迹铺好砖瓦和枕木，再在缝隙处种植草坪填缝即可。

百子莲、锦带花

素馨花、迷迭香

枕木、砖瓦（草坪接缝）

看起来富有立体感的构想

用拱门和绿色的隧道来打造立体感

入口处宽敞的大门，大门自身的重量会使柱子有所倾斜，在安装箱式拱门后在结构上得以加固。让植物缠绕到拱门上，可以体验钻过绿色隧道的乐趣。此外，在通往玄关处的通道上也仿佛有漫步林间般的惬意。这样借助拱门营造出立体感，又依托拱门和院内的木平台营造出了纵深之感。

堇菜和栅栏

百里香和门

拱门和门

铁线莲和拱门

复古铁门

丛生的鹅耳枥

丛生的沙罗树

其他使用的植物名单

○树木

薰衣草、迷迭香、棣棠花、四照花、乔木绣球“安娜贝尔”

○多年生草本植物

德国鸢尾、玉簪、小蔓长春花、老鹳草等

第6章

从零开始的造园故事

The new story of making gardens
which are started from empty spaces.

打造花园不单单是种植植物。从花园的设计，到地基的建造、构造物的设置，以及植物的栽种，都需要脚踏实地的运作。参照“BROCANTE”亲手打造的花园案例，即便在未经整理过的空地上，也能够将其一步一步地变成理想中的空间。

在花园和阳台花园的重建中完成总体规划的具体步骤

下面为您介绍“BROCANTE”在造园过程中，从外部施工的顺序到施工过程，以至最终完成的具体步骤，可以在亲手打造理想空间时作为参考。

一起制订理想中的造园计划吧！

在将花园的施工工作委托给施工人员时，把理想中的花园意向传达给对方是非常必要的。想要在怎样的氛围中打造出怎样的功能，踏进花园的第一步使用怎样的砖瓦、瓷砖等材料，以及喜欢的颜色等，最好能够列出这些要素的具体清单。在脑海里尚未浮现出具体计划时，可以通过看杂志等收集自己喜欢的室内装饰和花园的图片。施工人员在看过宣传册和主页之后，便能大致选择出契合自己感觉的方向。与多家公司沟通并取得相应报价、了解行情也是非常重要的。在经费不足时，虽然可以降低使用材料的档次标准，但若坚持自己的喜好，也可以进行部分性、阶段性的施工。

新建花园时，最好在住房的总体设计敲定后，就与花园的施工人员进行沟通。如果待到住房施工完成后，可能会需要移除建筑公司做好的预制石板和栅栏，造成费用的浪费。

花园和构造物的作用是很显著的，在花园建成后，房子给人的印象会发生天翻地覆的变化，住房的整体档次也会相继提升。根据这些来制订预算，就可以打造出理想的花园。

打造花园和阳台花园时理想中的花园印象和现状的确认清单

①进行现状的确认
- 是否向阳、选址布局及朝向如何
- 占地面积如何
- 光照条件及风势、雨势情况如何
- 确认花园边界及其遮蔽物
- 检查既有物品和树木的位置
- 自来水管道设备及水箱的位置

②关于花园的期待
- 想要一个可供孩子玩耍的草坪花园
- 想要种植一棵具有象征意义的树木
- 想要打造一个用篱笆遮人眼目的花园
- 想要一个给人留下整洁明亮印象的花园
- 想要营造一种宁静闲适的氛围
- 想要一个打理方便的花园
- 想要一个收纳工具的储物空间
- 想要一个家庭菜园等

③如何营造花园印象
- 自然风格
- 不要生活气息、充满现代风情
- 想要营造出整洁清爽之感
- 想要打造杂木花园风
- 法式风情（新怀旧）
- 复古风及废旧风
- 热带及高原度假胜地风
- 亚洲风格
- 日式花园风等

④进行花园功能的确认
- 如何改造停车场周边地带
- 是否有信箱、内线电话和外部电灯
- 是否需要水龙头、收纳区和遮人眼目的篱笆
- 是否需要阳台
- 是否需要进行铺路
- 是否需要自行车车棚等

⑤根据活动路线考虑花园的功能
- 将信箱及内线电话设置在何处
- 起遮人眼目作用的篱笆的设置高度及范围
- 饮水点设置在何处
- 收纳区地点的选择
- 如何打造连接各个功能区之间的通道等

⑥构造物的构想
- 栅栏（考虑遮人眼目及通风情况等）
- 墙壁的色调
- 收纳（储藏室、操作台、甲板等）
- 是否安置花坛、种植田地
- 水龙头及其流向如何
- 是否设置爬藤花架
- 汽车车棚、自行车车棚
- 通道、台阶
- 门柱
- 大门等

⑦作为框架的植物构思（考虑植物的安置和体积大小）
- 选定哪种植物作为代表性树木
- 树木选择常绿树还是落叶树?
- 如何安置使用各类乔木、中型灌木、灌木
- 如何用攀缘性和地被植物营造出自然之感等

⑧决定构造物的最后加工用料
- 篱笆：木制栅栏、钢铁栅栏、砖瓦墙、粉刷墙、树篱
- 阳台：石材、砖瓦、混凝土瓷砖、甲板
- 通道：砂石、砖瓦、石材、枕木、混凝土
- 大门、门柱：熟铁铁艺、木制、枕木、混凝土石柱
- 水龙头：木制、混凝土、瓷砖
- 爬藤花架：铁艺、木制等

⑨栽种植物的选择
根据场地的性质、土壤的干湿程度、通风情况、光照条件等进行选择

⑩家具及装饰品的选择
搭配时选择合适的家具、花园用品及摆件杂货

与花园共生
打造迎宾花园及中庭

绿色的迎宾花园欢迎访客的光临

在玄关前种植植物，会让建筑物富有生命的气息。即便在纵深只有 20cm 的空间内，也能种植出一座迎宾花园，让花草欣欣向荣。

在建设外部构造的时候，设置内线电话和信箱的门柱位置是重中之重。通过安装的位置给人一种房屋边界线的意识，因此在不希望陌生人进入前院的时候，可以将门柱安装在外侧。

中庭作为生活空间可以用于品茶、让孩子们在水池内玩耍、举办烤肉派对等，是能够切实应用、尽情享受花园生活的地方。为了保护房主的个人隐私，打造一个从外部无法窥视的空间同样很重要。若完全看不到中庭，考虑到这并不利于防盗，也并不十分推荐，但从外部一览无余又会让主人顾忌外人的视线，从而减少出入花园的次数。安装大门时注意从缝隙处能够稍微看到中庭的程度为宜，这样一来还能够唤起人们对内院的兴趣和期待感。推荐使用根据修剪方式可以自由调整高度的树篱。

造园方法 Making a garden 1 造园之前需要进行的工作

施工住房的资料

- 所在地：神奈川县
- 占地面积：约 160m^2（48 坪㊀）
- 花园施工面积：约 50m^2（15 坪）
- 构造物：墙壁、地面、栅栏、大门、外侧门墙、台阶、通道、花坛、储藏室、遮阳遮雨棚、水龙头
- 使用素材：松木、铁云杉、风铃木、柏木、杉木、熟铁铁艺、砂浆、树脂混凝土、石材、混凝土

房主的要求

- 想要打造出中庭的空间
- 想要有草坪的花园
- 想要选用木制围栏
- 想要遮人眼目避免外界完全看到
- 想要隐藏玄关处
- 想要在玄关处安装屋檐
- 想要让玄关看起来更加明亮宽敞
- 为防止家中被外界窥视，可用树木进行遮蔽隐藏

关于施工环境

该户是在住房的设计阶段便委托了花园的施工，因此并没有造成施工过程的浪费。其边界线同样也是沙土，花园可以从零开始进行施工。外部施工是安装与邻居家相连接的栅栏等构造物，因此在进行施工前最好提前告知邻居。

施工前的状态

住房部分的基础框架完成，刚刚完成上梁工作。已经安装好脚手架。

作为到达玄关大门的临时通道，简单地铺上锯木板和砂石。

花园外部基础施工中深挖出来的土，堆放在这里。

㊀ 坪：日本度量衡的面积单位。1 坪 = 3.3058m^2 = 2 畳（2 个榻榻米）。——译者注

造园方法 Making a garden 2 外部工程、进行现场测量

步骤 A 地基建设

● 整平土地

安装水泥预制砖墙和栅栏前，先整平荒地，再用激光标记出墙的高度和位置。根据标记的位置挖出相应土量后安置木制框架，之后再铺上地基碎石压实即可。水泥预制砖墙越高，地基的范围和厚度越大，继而使用的钢筋混凝土的强度也会成倍增加。将混凝土注入地基前先放入金属丝网，再用穿过水泥预制砖墙的钢筋固定。水泥预制砖墙周围的树木是在地基之上种植的，因此需要留出一个排水口，让植物的根部长到外面。

铺上碎石后压实。压实是指将铺好的碎石压紧固定，防止地基下沉。

压实后的效果。

在碎石的上部拉出一层金属丝网，之后在混凝土中设置钢筋。

● 注入混凝土

在将钢筋按照符合水泥预制砖的空心大小安装之后，向里面注入混凝土。这项工作的成功与否取决于用时速度。尤其在夏天混凝土硬化较快，在注入之前向地基浇注一点水，争取尽快完成该项工作。

混凝土与砂浆的区别在于是否含有作为骨料的砂石。砂 2：砂石 3：水泥 1 即为混凝土；砂 3：水泥 1 即为砂浆。根据用途不同其配比各不相同，但通常混凝土应用于泥地空间或墙壁、花坛的边缘、台阶的地基等对强度有一定要求的地方；砂浆则常应用于砖瓦、水泥预制砖的间隙处等。

用独轮车搬运混凝土，从金属丝网的上面开始注入。

为确保混凝土流至每个角落，可用抹子等工具继续铺满。

用抹子用力捶打，把突出鼓起的砂石打进去。

砂浆若高出平面，其表面更容易用金属抹子均匀抹平。

排水口洞和翼壁的部分。翼壁即向外部突出的狭窄的墙壁。

步骤 B 建造水泥预制砖墙和木制围栏

同样是均匀找平之后，混凝土晾干时的效果。

● 建造水泥预制砖墙

在某种程度上需要一定高度的时候，通常使用内部嵌有钢筋的水泥预制砖墙。因为砖瓦中不含钢筋，所以在地震多发的日本不能堆砌过高，若选用水泥预制砖则最多可堆砌 9 层。要建造更高的墙时，有必要选择钢筋混凝土结构。水泥预制砖墙最大的优势便是价格低廉，还可以设置分界和明确分界线。水泥预制砖的接缝部分用砂浆固定，便可层层堆砌成水泥预制砖墙。在约 3.4m 处加入一处扶壁，以防止墙体倒塌。

混凝土晾干之后，一边找平一边安装水泥预制砖。

用抹子抹匀砂浆，在其上部放置水泥预制砖，彼此相连。

连接各个水泥预制砖，用刷子将超出范围的泥浆抹平。

第 1 层的水泥预制砖堆砌完毕。接下来堆砌第 2 层的水泥预制砖。

用砂浆连接第 2 层、第 3 层的各个水泥预制砖，多次反复。

用作停车区与中庭的分界墙，水泥预制砖堆砌基本完成。

停车区泥地空间处，混凝土施工完成后的状态。

● 建造木制围栏

木制围栏的优势则是能够展现出一定的高度层次，相比混凝土材质成本更加低廉，并且可以刷成自己喜欢的颜色。通过改变木板间的间隙，来调整花园的通风情况；根据遮光栅格、百叶栏板等不同的搭建方式，可以用作保护隐私的栅栏。其缺点是随着时间的推移会老化，但据了解近年来进口的坚固木材在无须维修的情况下也能使用 20~30 年之久。因其价格较高，继而相应的初期建设投资也会提高，推荐在不想花费后期维护成本时使用。此外其加工性较差，所以更加适合风格简约的设计。

根据围栏的宽幅安装支柱，用砂浆连接固定。

在支柱上安装五金件，因为直接插入木材会使木材变得易腐。

从最顶部开始给围栏的横板打上螺钉加以固定。

横板从上到下排列完成后的状态，其他部分的操作同理。

为了能够获取一定的通风和光照，在板与板之间留出些许空隙。

步骤 C　打造停车区域

● 用抹子完成表面的施工工作

混凝土表面的施工方式包括金属抹子施工和雨雪天气防滑的毛刷施工两种。这里使用的是能够形成细小沟壑纹路的毛刷施工方式。若想要打造坚硬平滑的地面，可选用金属抹子。

建造泥地空间。先搭好框架模型，再注入混凝土，随后选用毛刷抹平。

步骤 D　水泥预制砖墙的粉刷

● 用灰泥建造一面简约的墙

水泥预制砖墙是由灰泥、瓷砖或石料等材料共同施工完成的。在无法堆砌砖瓦的场所，若试着贴上砖瓦式瓷砖的话，也可营造出英式花园般的氛围。这里选用灰泥施工。灰泥施工的优势在于成本相对低廉，最终的呈现效果更加美观。灰泥的材料有很多种，在日本较为常见的则是树脂混凝土。树脂混凝土具备有弹性、裂纹少、不易脏三大特征。通过最后安装好的墙帽，为简约大方的墙体增添一丝趣味。

1 向由水泥预制砖堆砌而成的墙壁涂抹砂浆，并用抹子抹平。

2 按照图 1 对墙体的两面进行施工，粉刷 2 遍灰泥。

3 灰泥施工完成后的状态。把砂浆晾干。

4 等砂浆全部干了之后，再在墙体的顶部安装上墙帽并将其连接牢固。

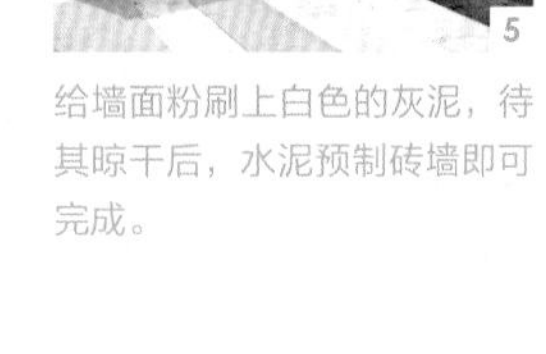

5 给墙面粉刷上白色的灰泥，待其晾干后，水泥预制砖墙即可完成。

步骤 E　玄关与通道

● 在砂浆的接缝处设置活动路线，将人引至门廊

通道内埋入了方形御影石（译注：一种花岗岩）。方形御影石是一种在比利时、法国、德国常用的复古石块。像通道那种人来人往的场所，为了不使鞋跟等刺入土地，则选择将缝隙处铺好，并将道路至玄关处的活动路线明确标记出来。为在玄关的门廊前建成一面兼备隐私保护功能的高墙，则选用水泥预制砖规划出边界范围。将信箱和内线电话安装在这面墙上，并在墙的前侧打造一个种植区。施工部分由砂浆决定其强度和整体氛围。

1 用混凝土将石块间的缝隙铺好，打造出一条通往玄关大门的活动路线。

2 通道之外，复古石块的间隔可以随意设置。

3 玄关门廊的施工过程。正在建造门廊的水泥预制砖墙。

4 门廊部分的基础工程。设置好台阶的框架模型，用水泥预制砖组建。

5 由水泥预制砖堆砌建成的门廊墙壁和台阶的部分。

在安装信箱和内线电话之后，再用砂浆进行粉刷施工，最后安装墙帽部分。

在形成地面的部分，注入混凝土后，最终形成了门廊的形态。

台阶平面处施工完成后，侧面进行灰泥作业、金属抹子作业。

直至灰泥施工完成，为防止粉刷面沾上污渍和受损，铺上施工保护膜以起到保护作用。

灰泥作业完成后形成的纯白状态。台阶部分竣工。

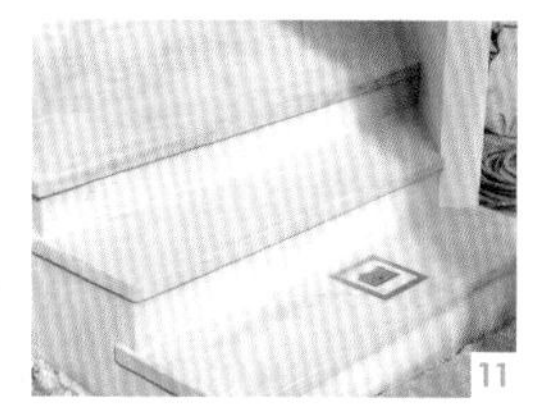

通过巧妙的金属抹子作业，继续加固成平整光滑的表面。

步骤 F　修建大门、取水处

● 根据花园的设计建造大门和取水处

设置安装一个从中庭处可以直接通往外界的大门。根据围栏的位置安装支柱。将支柱的前端切出斜口并确保干燥。大门的材质有铁艺、木制、铝制等，这里轻松自然的氛围更适合选用木制大门。

取水处的水龙头框架为风铃木，水龙头接口是黄铜材质。给小水池铺上与石块相同的石材，建造成能够放得下水桶等工具大小的程度。取水处可以根据花园的设计变换风格，可根据洗手、洗东西、洒水等不同的用途设计适合的高度及宽度。

用风铃木打造框架，隐藏自来水管，设置立式水龙头。

选择与玄关通道相同的石块，搭建出小水池。

在风铃木上安装五金件后，将其插入地面，用作大门的支柱。

支柱部分插入后，注入混凝土再固定。

步骤 G　前往中庭的通道

● 安装混凝土平板

特意打造一条通道以连接大门与木制甲板。为契合停车区的风格氛围，则选用简约大方的混凝土平板。若将平板完全设置为直线，便会少了一些趣味，因此将其设置为有动感变化的形状。

确保每一块混凝土平板都涂抹等量的灰泥。

要铺成人们踏着平板可以通行并穿过大门的形状。

为了避免给人留下生硬的印象，可以将平板铺成蜿蜒前行的模样。

步骤 H　打造收纳小屋

● 建造储物空间

为了确保中庭的种植区域，储藏室通常建在木制甲板的上方。将其粉刷为蓝灰色是这座花园空间的点睛之笔。一般来说，建造储藏室是需要搭建地基的，但若在甲板上方建设则无须地基作业，加入间隔垫片固定在甲板上即可。屋顶选用红雪松材质。对铰链进行做旧加工，锈迹斑斑更有质感。储藏室本身是非常简约大方的造型。根据木板横向或纵向等不同的排列方式，屋檐安装的倾斜角度，有无置物架等，都会给人留下不同的印象。

用涂过防腐涂料的红雪松来搭建小屋的整体框架。

为搭建储藏室外壁，可将 3 块木材用螺钉固定后，再安装屋顶。

先留出安装储藏室小门的部分，将门前的木板搭好。

用水性涂料进行粉刷。由于之前其颜色尚未敲定，因此选择在建成之后再进行粉刷上色。

给木制大门安装上铁质的铰链，并将门安装到小屋上。之后再安装上置物架。

给门的铁艺部分做旧，让其生锈，并粉刷置物架，收纳小屋建造完成。

造园方法 Making a garden 3

关于植物种植

选择植物应从花园设计时开始

若假设建造花园所有工作所花费的时间为 10，那么种植植物约为 1/10，但一旦种上植物之后，原本只有建筑物的冰冷空间，一下子便成了充满生命气息的花园。在脑海中一边构思着“这样一来植物长大后就更好了”，一边选择植物进行种植，可以将其称之为造园最后阶段最快乐的工作吧！

植物是花园的主干，因此在花园设计的时候，就需要考虑必要树木的数量和大小，选择的时候便要构思好植物的体积和未来长成后的树形。先暂且建好花坛，每次都买来自己喜欢的植物进行种植的确很开心，但对于整体的空间布局来说并非是好事。最初可以先种植作为框架的主植，之后再在缝隙处种植或者移植自己喜欢的植物，这样便能营造一个清晰美观的花园。在所有的植物种植完成之后，这项工作便可结束。但是未来植物还会继续生长长大，尽情地期待它们的变化吧！

考虑植物种植时的思考步骤

按照从大型树木到小型多年生草本植物的顺序进行选择

种植植物时无关种植空间的大小，基本按照高木（乔木）、中木（中型木）、低木（灌木）、多年生草本植物的顺序进行选择。按照这个顺序进行种植的话，最终能够形成一个不错的花园空间。在这里，按照植物的性质介绍以下 5 种分类。虽然根据种植场所的条件也会有并不合适种植的植物，但可大致作为参考，使造园变得更加容易上手。攀缘性植物因其大多与建筑物缠绕在一起，因此可与树木一样在同一时间点进行选择。

①决定作为框架的树木（主景树）
在花园内最大、最引人注目的主景树，同时也是花园里最富有代表性的树木。在决定了最初想要种植的地点后，进一步选择合适的树种。

②决定中等高度的树木（中层树）
比①小一些的辅助性树木，标准高度在 1.5m 以上。主景树选定为常绿树或落叶树等时，可根据①的标准进行选择。

③选择灌木或有一定高度的多年生草本植物（框架植物）
起到连接②与④的作用。一般来说，指的是高度 1.5m 以下的植物。由于优先考虑植物的大小，因此灌木或多年生草本植物皆可。

④决定其他多年生草本植物的组合搭配（地被植物）
用植株高度低于③的植物来装点花园。匍匐植物覆盖地表蔓延生长，通过让其攀爬至地面来营造出自然的氛围。

⑤用攀缘、匍匐植物（爬藤植物）营造出自然的氛围
攀缘植物通常缠绕在栅栏或者爬藤花架上。相比树木，其生长速度较快，在为花园增添自然气息时必不可少。

从主景树到匍匐类多年生草本植物丛生的中庭。用高低大小、错落有致的植物营造出纵深之感。

步骤 A　从主要植物开始种植

● 围栏篱笆和树篱等

为了隐藏甲板下的缝隙，先在木制甲板前种植滨柃；再将莱兰柏种植在树篱处；最后将赤楠种植在毗邻邻居家的间隔处。将用作篱笆的这些树木，按照彼此间叶子可以触碰到的间隔程度排开，种植完成后再进行修剪整形即可。由于常绿树的根部被移植时剪断过，通过修剪枝叶减轻负担，有助于植物之后的生长发育。种植完成后需要给予充足的水分灌溉。一开始是给根部下方供给水分，让植物的根能够在湿润黏稠的土壤中生长蔓延。再者，进一步给植株根部浇充足的水分，让水分遍及植物根部的各个角落。

1 将滨柃均匀分布排列并种植在木制甲板的前侧。

2 挖一个大于植株本身的洞，按照树形的朝向将植株放入洞内，轻轻盖上土。

3 木制甲板前的栽种完成。甲板下方也被隐藏了起来。

4 在滨柃全部种植完成之后，向植物的根部浇灌充足的水。

5 在与玄关一旁邻居家的边界线一侧种植了赤楠作为围栏篱笆。

6 为分隔开中庭和停车区，在其间隔处种植了莱兰柏。

7 观察整体的同时，剪掉多余的枝丫，将其外形修剪整齐。

8 用树篱分隔开中庭和停车区。图中是从中庭望去的样子。

● 花园的代表性树植等

玄关一旁有一扇大玻璃窗，由于担心家中会被一览无遗，因此在这里种植了两棵稍大的常绿树来起到一定的遮挡作用。因为树木本身也有“正脸”，因此要把看起来最好看的方向作为正面进行种植。这户住宅在上台阶的时候看到的室内部分较多，因此选择将植物朝向家里倾斜种植。从布局上来说，中庭是从里侧的中型木开始种植的。玄关前的角落可以选择以中型的金合欢为主。等将来植株长到 3m 左右时会更加美观协调。

● 玄关周围

1 玄关一侧种植的四照花。使路人无法透过大窗户看到家中的情景。

2 种植地中海荚蒾。与步骤 A 滨柃的处理、种植方法相同。

● 中庭

在玄关门廊的墙壁前，种植作为点睛之笔的刺槐。

中庭的主空间。首先从作为主景树的加拿大唐棣开始种植。

考虑收纳仓库的高度及其协调性，种植稍大的日本山梅花。

在加拿大唐棣的左侧种植紫荆花。从中庭处看到的树篱如图。

中庭主空间的主景观树、中型景观树种植完成后的效果。

● 停车场

注意不要与中庭的加拿大唐棣重叠，此处种植光蜡树。

停车区的主景观树种植完成后的种植区一带，其他植物也种植完毕后即可竣工。

步骤 B　铺装草坪

● 在中庭全部铺满草坪，在通道的缝隙处用草坪点缀

地面上的草坪越宽阔，越方便房主打理，草地的生长也会更加健壮。一旦草坪不适应环境而枯萎，便会杂草丛生、不易管理。很多人的愿望是让草坪能如毛毯般美丽生长，轻松维护，其实草坪分为用匍匐茎蔓延生长的宿根性日本草坪（种植结缕草）和常绿的西洋草坪（种植草地早熟禾）两种。一般家庭种植的话，推荐日本草坪。其中，用细叶结缕草种植的草坪是一种修剪相对容易且种植效果美观的品种。理想的种植时间是每年的 3 月到 6 月左右和 9 月末到 10 月。若受到霜冻的影响便难以成活，因此不适合在寒冷的冬季种植。

● 中庭的草坪

在靠近建筑物的部分以及花坛的边缘，用园艺剪刀剪下与所需形状相契合的部分后铺上。

继续铺草坪，让草坪连接处的接缝错开。

之后再修剪花坛的边界处，因此可以先暂时这样凹凸不平地铺上草坪。

在铺完草坪之后，为保证草坪之间的缝隙全部填补完成，向里面倒入草坪专用过筛土。

草坪与草坪、草坪与建筑物的间隙，继续用过筛土小心填满。

最后铺完草坪后的中庭。若未往间隙内倒入过筛土，草坪可能会枯萎，这一点需要格外注意。

●停车场的草坪

用与中庭相同的铺设方法，将停车场水泥地周围的区域铺满草坪。

将中庭到停车场的通道及活动路线的部分铺上草坪。

将水泥地周围整齐地铺上草坪后，停车场的草坪部分即可完成。

在树篱旁、到达中庭的通道处铺上草坪之后，花园的氛围更好了。

●玄关通道的草坪

在玄关通道及门廊前的空间全部铺满草坪。

为了保证草坪与铺路石之间没有缝隙，应像拼图一般铺设好。

草坪铺设完毕，玄关门廊的整体效果。今后还将继续养护草坪。

步骤 C　决定种植的其他植物

●玄关处的幼苗安排与种植

在玄关门廊旁四照花的周围，种植作为框架的植物。

种植覆盖地表的地被植物。跟前左侧为蔓荆。

在玄关门廊墙壁旁种植了金合欢，种植带内还种植了其他植物。

种植完成。之后随着植物各自生长其氛围也会发生变化。

在邻居家边界旁种植的赤楠树下种植了球根植物。

大量球根植物如同包围树干一般，为花园增添乐趣。

●种植作为点缀的多年生草本植物

主景树和中层树木种植完成后，则继续种植灌木或多年生草本植物。当建筑物的地基有些显眼的时候，便可选用有一定大小的植物进行遮盖。为了能够让玄关前一直保持较好的状态，则选择种植以黑果越橘为主的习性强健的常绿树。

可种植的植物名称

光蜡树、黑果越橘、百子莲、迷迭香、硬毛百脉根“硫黄”、蔓荆、赤楠、滨柃、灌木迷南香、银刷树“蓝色迷雾”、水仙、葡萄风信子、铃兰

● 中庭处的幼苗安排

起初打算在内侧种植的灌木和有一定高度的多年生草本植物。

为了呈现出大片的绿色景观，要注意彼此不重叠地交错种植。

● 考虑会有被淘汰的植株，所以多种植一些

首先决定灌木中主植种植的场所，其次再按照多年生草本植物、攀缘植物、匍匐植物的顺序决定其种植场所。同时还要设想可能被淘汰的植物、植物的修剪等，因此需要多种植一些植物。之后再淘汰 2 成左右的植物，这样有助于剩余植物的健康生长。有时植物的枝干和茎部被剪断后会枯萎，但若不剪的话，又会因闷热而枯萎，因此务必进行修剪。植株长得过大时，可进行分株、移栽。

主空间的右侧。进一步安排种植矮小的多年生草本植物。

主空间左侧的角落部分，与图 9 的配置相同。

在最跟前的位置种植覆盖地表的地被植物。

可种植的植物名称

日本山梅花、美洲茶“凡尔赛”、加拿大唐棣、紫荆“银云”、四照花“月光”、地中海荚蒾、齿叶薰衣草、斑叶山菅、柳枝稷、白千层、芦莉草、白鹃梅、日本蹄盖蕨、银莲花、婆婆纳、多花素馨、素馨叶白英、筋骨草、玉簪、紫娇花、大叶蓝珠草、粉姬木、乔木绣球“安娜贝尔”、月季、肺草、荷包牡丹、绵枣儿、悬钩子、宿根柳穿鱼、黄水枝、落新妇、绣球藤、日本洞庭蓝、景天等

左侧角落。在中层树下围绕树干种下球根植物。

右侧角落。在冬季时分黯然失色的宿根草本植物周围也种下较多的球根植物。

围绕幼苗，让球根植物融入其中。

• 中庭植物的种植

实际种植植物的过程。从里侧的灌木开始种植。

按照从里侧到跟前的顺序陆续种植植物。较小的幼苗可用移植铲进行操作。

工人正在用移植铲挖洞，并种植铁筷子的幼苗。

在挖好的洞内放入植株幼苗并盖上土，所有幼苗的操作相同。

球根植物的种植深度为 10cm 左右。盖上土之后便可静待发芽的季节。

所有的植物种植完成后，给植株浇上充足的水。

种植完成后的整体图。下面就期待植物生长了。

步骤 D　铺上松鳞

●具有防止杂草生长、保水、保温的作用

松鳞是罗汉柏的间伐材，或纤维状的碎片等。品种众多，其中主要使用的是粉碎后的针叶树树皮。在刚种植完成后的台阶处，植株间隔较宽，易生杂草，铺上松鳞之后可预防杂草丛生。松鳞 3~4 年后便会腐烂，但由于植物仍会继续生长，所以无须添补。虽然不能发挥肥料的作用，但其保水效果和冬季保暖效果较好，值得期待。

23 在全部种植区内铺上松鳞。种植工作全部完成。

24 插上写着植物名称的植物标签，给人留下更加自然的印象。

25 同样在玄关门廊前的种植带内铺满松鳞。

26 红棕色的松鳞将植物衬托得格外好看，使整个花园都变得明朗起来。

27 停车场旁的种植带内也铺着松鳞。

造园方法 Making a garden 4　设置所需的构造物

步骤 A　木门的安装和玄关处屋顶的设置

●用装饰性的要素凝聚空间

施工即将进行到最终阶段。在树篱间安置的柱子处安装上木制栅栏门，中庭便完全成了私人空间。在玄关的门廊处安装熟铁制的遮阴架。房子本身是现代风格的建筑，这里只用少许曲线形的装饰，增加一点柔美感。熟铁是一种经过精炼之后更耐用、更有质感的铁质材料，哑光的黑色更能彰显出铁艺的魅力。当然，之后大门若换成其他材质，再进行粉刷也可以。

1 从家门口通往中庭的树篱一侧搭建的柱子旁安装上木制栅栏门。

2 在玄关门廊的墙壁处装饰上铁艺制品并临时固定。

3 先临时固定，再进行焊接。在定点处安装柱头。

4 待焊接部分的热量退去，涂上防止生锈的涂料等其晾干。

5 在焊接完成后的部分涂上防锈涂料。

6 防锈涂料涂完之后，再涂上黑色涂料，装饰完成。

造园方法 Making a garden 5 花园、玄关周围、停车场建造完成

○ 玄关和通道

发挥植物的作用打造亲切优美的构造物

借助有一定高度的四照花遮挡住玄关一旁的大窗户。今后翼壁侧的植物也会逐渐长大，进而可以给人留下自然的印象。高墙过于强调了建筑物的高度，因此让植物沿着墙壁种植能够起到一定的缓和作用。玄关右侧木门的里侧是自行车停车点。

○ 停车区

现代与复古的混合风格

停车区主要重视其功能作用，进而选用混凝土施工。色泽光滑的混凝土与复古石块的搭配清新自然。大小不一的混凝土制地板将会打破混凝土原本生硬的印象。此外，中庭一旦被篱笆团团遮挡，那么与玄关间的关联也就被隔断了，因此 L 形的白墙是花园中不可或缺的存在。

○ 中庭

令人期待的热闹中庭

在中庭种植了大量植物，营造出明亮愉快的氛围。通道从甲板处开始描绘出曲线，营造出动态路径。混凝土的平板非常符合停车场平滑干净的印象。

○ 花园的外篱和木门

反复修剪树篱调整其外形

修剪过后的莱兰柏树篱，今后若枝条继续生长，四季皆可进行修剪、整形。修剪过后便会长出分枝，树叶也会变得茂密。由于树篱并未排成一条直线，有一定的高低落差，因此大门选择了如隐藏门一般横向设置的方式。

与自然现代风格的花园一同开启新生活

现代风格的建筑中包括大株的四照花给人留下深刻印象的前院，光照绝佳的中庭。室内装饰有嵌线、拱肩墙等具有法式风格的要素，将其巧妙融入花园之中，最终营造出自然且富有现代风格的氛围。安装上墙帽，用灰泥粉刷的墙，英式或法式风格的玄关门廊的台阶等，用这些随时纳入的要素来营造氛围。使用的复古石材经过时间的推移慢慢会被风化，变得更有质感。

中庭是孩子们可以尽情玩耍的空间。广阔的木甲板是按照房主的要求制作而成。为了彰显植物的体积感，收纳小屋可以置于甲板之上，以确保花园内有充足的种植空间。篱笆两侧也许会不见天日、寸草不生，但是其他的地被植物依然可以大幅生长蔓延至地面。虽然花园的施工结束了，但是院内的植物今后还将继续生长、发生变化。另外，花园生活也从现在起正式开始了。

造园方法 Making a garden 6

造园中必不可少的，独具特色的构造物推荐

建筑物 A　露台

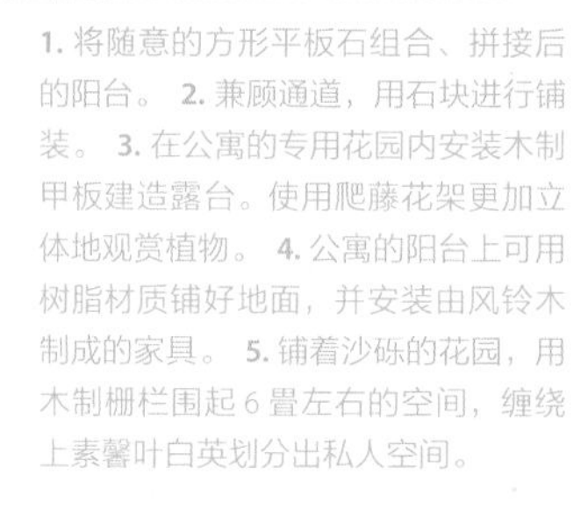

1. 将随意的方形平板石组合、拼接后的阳台。 2. 兼顾通道，用石块进行铺装。 3. 在公寓的专用花园内安装木制甲板建造露台。使用爬藤花架更加立体地观赏植物。 4. 公寓的阳台上可用树脂材质铺好地面，并安装由风铃木制成的家具。 5. 铺着沙砾的花园，用木制栅栏围起6叠左右的空间，缠绕上素馨叶白英划分出私人空间。

隔绝外界的私人空间

平台是铺装好地面可供人们聚集休息的地方。花园仅靠植物是无法建成的。为了减少维护所花费的时间和精力，需要有一些铺装好的空间。

平台要确保活动路线，并方便使用。为了度过舒心的时光，安装遮挡物遮住外界的视线是非常重要的。铺装材质有木制的甲板，也可以用石材或砂石。根据使用材质的不同给人留下的印象也各不相同，选择适合花园风格氛围或者自己喜欢的材质吧。瓷砖会营造出清爽的氛围，石块或砂石则会营造出自然山野风。确定好使用的场所，建造完成后别忘了放上桌椅。

1. 若在木制的爬藤花架下安装电灯，夜晚也能得到充分使用。 **2.** 在栅栏和甲板之间建造花坛，种植具有一定高度的树木，看起来更加立体自然，遮挡住了建筑落差。 **3.** 将兼备树篱作用、有高度的花坛安置在甲板周围，营造一个轻松舒适的空间。 **4.** 安装完木制栅栏的甲板。把花盆、杂货悬挂在上面，增添趣味。 **5.** 在花园之中设置墙壁，当作一个单独的房间使用。 **6.** 安装好台阶的木制甲板。白色的涂料起到让空间更加明亮的作用。

甲板更适合日本人的生活

日本人在室内有脱鞋的习惯，离开时需再穿鞋。木制甲板依照日本的木质建筑结构提高了地板的高度，且与起居室相连的情况较多，因此也可以光脚出入。使用起来有一种室内被延长了的感觉，从室内出来的机会也会增多。

仅靠搭建木制甲板建成的空间，不会增加让人想出去的欲望，让我们通过摆设桌子、椅子、长椅等，布置出一个可供使用的空间吧。10~15 年前没有好的木材，木制甲板容易腐烂，不愿意使用的人不在少数；如今有很多耐用性较好的硬木可供选择。这类木板维护工作简单，使用数年后也可以保持良好状态，因此十分推荐。

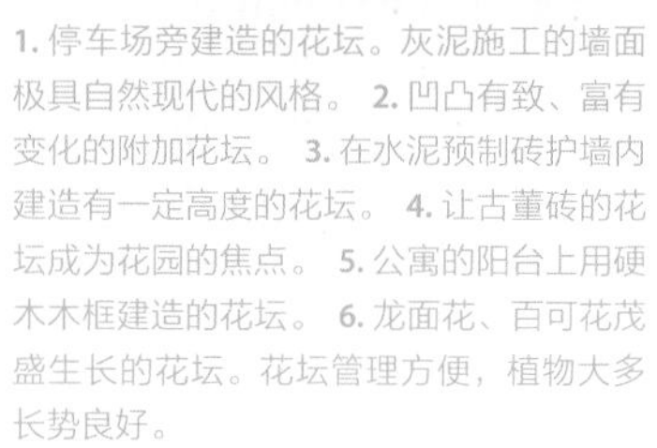

1. 停车场旁建造的花坛。灰泥施工的墙面极具自然现代的风格。 2. 凹凸有致、富有变化的附加花坛。 3. 在水泥预制砖护墙内建造有一定高度的花坛。 4. 让古董砖的花坛成为花园的焦点。 5. 公寓的阳台上用硬木木框建造的花坛。 6. 龙面花、百可花茂盛生长的花坛。花坛管理方便，植物大多长势良好。

加速植物生长的附加花坛

在高处设置花坛，植物的管理会变得更加方便，排水条件也会更好。此外，花坛面积的增加也会加速植物的生长。特别是百里香、薰衣草等不喜潮湿的香草类植物，更适合种植在附加花坛（即加高花坛）内。花园面积较大的时候，由于无法将所有花坛全部加高，若能营造出整体的高低落差感也不错。此外，为了能在从室内望向窗外时视线所及的地方安置花草，有时候也会在视线较高处建造花坛。铺上砖瓦后从侧面望去如同墙面一般，在边缘处种植下垂的植物，会显得格外好看。这种附加花坛可以用木框、砖瓦、水泥预制砖、灰泥施工、石砌护面等各式各样的风格打造。

1. 在混凝土地面上开个口，建造一个地面种植空间。 2. 在栅栏和砂石之间种植，可以起到缓和原本生硬印象的作用。 3. 墙壁一侧的种植带。种植着一年生草本植物角堇和大花葱。 4. 在通道角落设置一个宽约为 1m 的种植带。在唐棣的根部一带种植水仙、铁筷子。 5. 在停车场宽幅不足 10cm 的地面种植铜锤玉带草为花园增添色彩。 6. 在宽阔花园内，利用原有的石头打造出好几处新的种植区域。 7. 在木制栅栏柱子下的小小空间内，种植 1 株植物制造出韵律感。

混栽感觉的种植空间

种植带是在构造物下方或建筑物边缘等地打造的地面种植空间。在狭小的花园内种植植物时，这种风格的种植带较多。较小空间的优势在于可以营造出混栽的感觉，在角落打造种植带的完成度较高。和花园一样，可以由主景观树、中型景观树、多年生草本植物、匍匐植物等构成；也可以仅仅依靠树木和攀缘植物简单构成，种植管理方便。不同于花坛，由于使用的是土地，因此在缺乏营养的时候可以补给肥料。土壤若是黏土土质，要放入砂石或腐叶土改良排水情况。建筑物旁的种植带，通常土质较差，有时需要清除建筑废料后补充优质土壤。

建筑物 E 爬藤架

1. 花园中央工艺品式的爬藤架。 2. 兼顾停车场大门的拱形爬藤架。 3. 用熟铁建造的圆拱形爬藤架。植物可能会显露出一定体积时，更适合建造细铁制的爬藤架。4. 使用木制栅栏柱的爬藤架。

让花园看起来更加优雅立体

爬藤架的主要用途是遮阳和遮挡。让植物缠绕在上面，使花园看起来更加立体。花园空间较为细长时，有时可选用拱形的通道，打造出钻入式的风格。材质多为熟铁铁艺、木材等。熟铁铁艺虽然有一种厚重的感觉，但相反会给人留下奢华的印象，因此价格较高。另外，如果想突出材料的质感，最好选择简约风格。木制的相对便宜，可以粉刷成自己喜欢的颜色。根据木材的间隔和宽幅，可以调整其体积和遮蔽程度，栅栏的整体印象也会发生变化。

建筑物 F 立式水龙头、洗手池

1. 同长椅一体式的水龙头和洗手池，具有法式风情的石砌风格。 2. 在木制栅栏处设置架子的水龙头。 3. 在花坛侧面设置的水龙头处，在甲板内部安装排水栅板用于排水。 4. 木制立式水龙头。没有吊桶可放置水桶加以点缀。 5. 在花园的角落安装厨房式的洗手池，可作为操作空间使用。 6. 在兼备水泥预制砖护墙功能的地方安装水龙头。

设计范围广泛的花园焦点

根据用途和场所所需的形状、设计选择合适的立式水龙头或洗手池。若以洗手间、花园用品的维护为主，需要注意排水。用水龙带的时候应使用水龙带专用的接口。若以灌溉为主，只用水龙头也没关系。水龙头口有黄铜、镀层、复古风格等，在花园内使用的话应选择经久耐用的材质。根据瓷砖、石材等使用材质的不同，花园的整体氛围也会发生变化，因此作为有一定功能的展示品也不错。

1. 用砂浆抹面的墙壁，旧式建材做成的大门，屋顶处使用红雪松的精巧可爱的小屋。 **2.** 木制甲板上方设置的大型收纳长椅。 **3.** 隐藏仪表箱的同时兼备水龙头的收纳箱。其上部为装饰架，可以尽情摆放花盆或杂货等。 **4.** 砂浆施工后的现代风格的洗手池并配有木制门。 **5.** 用于遮挡而设置的叠板式小屋。

小巧可爱的收纳间成为花园的焦点

用作收纳功能的有储藏室或箱子，兼备水池功能的储物空间等。虽然对外储藏室设置在从花园看不见的中庭处，但若能够制作得精巧可爱便能作为花园的焦点，决定花园的整体氛围。建造储藏室时，可以粉刷木材或用砂浆抹面，也可以与铁皮、金属相互搭配。在狭窄的凉台、阳台内需要收纳空间的时候，推荐设置带有收纳功能的箱式长椅。

造园方法 Making a garden 7

用丰富多样的室外装饰打造个性花园

室外装饰A
栅栏、置物架

1. 用砖瓦墙和熟铁铁艺打造英式建筑风格。 **2.** 乡村田园风的低矮栅栏，纵向排列搭建给人田园诗般的印象。 **3.** 用风铃木搭建的公寓阳台架子极具现代风格。 **4.** 在公寓的一面墙上搭建木板，并排列大量装饰隔板和可移动式木制置物架。 **5.** 用叠板式箱型木制栅栏隐藏人工痕迹。

用作花园的背景或焦点

栅栏的主要功能是起到遮挡视野和让植物攀缘的作用。若设置成叠板式的建筑风格挡住背面，便可作为一面墙使用；若安装上置物架板，也可成为整个空间的背景。建筑材质除了使用木制之外还有钢、铝等，有时会给人眼前一亮的感觉。置物架可用于收纳物品，包括摆放型和固定在墙壁上两种，有时装饰上花盆、杂货作为花园的焦点。若和挂钩、小五金一同使用，会变得更加方便可爱。

用逐年变化的材质打造质感之美

小花包围通道簇拥开放的景象清新自然、富有魅力。通道、台阶根据使用的石材、缝隙的裂口情况、排列方式等不同，其印象也会发生变化。为了营造出让人能够联想起法式风格的田园小巷，则使用了仿古砖、石灰岩的碎石片、砂石、用作石板的花岗岩御影石等。这些都是每年都会发生变化的材质。虽然混凝土每年也会有些许变化，但坚固的砖瓦、瓷制的瓷砖却很难呈现出质感。

玄关通道等地的活动路线设置为曲线，更能营造出距离感和纵深感。另外，再加上大门和拱门，便能打造出画一般的风景。

1

2

3

4

5

6

7

8

1. 在花园施工中备受欢迎的小径。将仿古砖人字形铺设在草地间隙处。白花三叶草繁殖旺盛。 **2.** 在杂木林风的花园内搭配由碎石片打造的通道。 **3.** 玄关处的通道，为方便家人通行，做得干净整洁。随意摆放的方形砂岩动感十足，间隙处的砂浆也有清新自然之感。 **4.** 让细长通道的防火砖看起来如同石块一般。 **5.** 灰泥砂浆施工后的台阶。 **6.** 用比利时砖铺设通向后院的通道。 **7.** 在复古石块间隙处种上草皮，打造令人印象深刻的小路，优雅的氛围，如同法式花园般。 **8.** 贯穿建筑物一侧的小道上，铺设厚度约为 20cm 的花岗岩。

1. 使用枕木、花岗岩、砂石铺设。停放车辆的部分应使用不易碎的材料。 2. 将砖瓦铺成人字形图案，再铺上草地。在车辆出入频繁的情况下，若全部铺上草地则会使其受损。 3. 灰泥砂浆施工，兼备自行车停放功能的储物区。 4. 活用木制栅栏，建设带有屋顶的自行车停车点。 5. 全部铺上砂石的停车场。 6. 人字形图案的砖瓦铺设，相比平铺的样式更能够增添气氛。

选择使用便利的设施

考虑成本及功能性，绝大多数停车场选择用混凝土建造。但为了贴近花园的整体氛围，有时也会选择用其他材料铺设。铺上草地之后虽然有接触到自然的美感，但草地容易损伤、不易维护，因而车辙部分使用了枕木或石块。

自行车是每家每户必然会有的，将停车空间设置在何处，也是设计花园时需要考虑的问题之一。要考虑自行车活动路线和使用起来是否方便，同时在景观优美的精致花园内停放自行车又不美观，但若设置在使用不便的地方，自行车甚至都不会被使用。

室外装饰 D
大门、门柱

1. 在小径的门口安装英式复古大门，与栅栏相搭配。 2. 兼备进入中庭的大门和门墙。墙面进行灰泥砂浆施工，并安装上铁制铰链的木门。 3. 由 3 根枕木共同建成的门柱。 4. 铁制大门。

用大门和门柱区分花园内外

大门不仅有入口的功能，更是花园建设中的重中之重。大门的材质有铁艺、木制等。大门若只使用木材建造，木板会发生弯曲，因此在使用频率较高的门上安装铁制框架可以有效防止大门变形。门柱起到划分内外分界线的作用，用于放置铭牌和信箱。门柱一旁若有栅栏或者绿植可以起到很好的平衡作用，但若只有门柱，大多会给人留下突兀的印象，因此在门柱跟前种植些地被植物、设置种植区也不错。

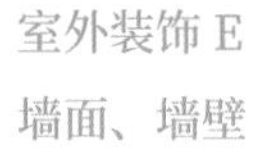

室外装饰 E
墙面、墙壁

1. 建造与邻居家的分界线、高度为 2m 左右的钢筋结构墙面。安装上具有法式风情的装饰窗，精致漂亮。 2. 将部分墙面设计为石砌风，富有变化，凹凸有致的构造极具魅力。 3. 在临近道路的边界处，为了给人留下半开放式的印象而设置限制高度的墙。打断并缩小原本的墙体，改装为灰色调的石砌风。 4. 在高约为 1m 的砖瓦墙上安装木制栅栏。用外壁专用涂料将砖瓦粉刷为白色。

决定花园印象的花园背景

花园的印象会因背景墙面的不同设计而发生较大的变化。木板墙给人一种轻松明快的印象，营造出清新自然的氛围。使用木质材料时，若使用较便宜的材料，5 年左右便会出现受损情况，进而有必要进行及时维护。灰泥砂浆施工的墙壁具有厚重感，更易营造氛围、提升档次。墙壁建设花费的是初期投资，为了避免其质量退化可以使用半永久材质。由于日本是地震多发的国家，水泥预制砖墙的高度也会存在限制，因此在建造较高的墙面时有必要选择钢筋混凝土材质，这样一来施工也会花费大笔费用。

造园方法 Making a garden 8

为了打造更愉快的花园生活而采用的道具及杂货

为花园增添个性的杂货

门牌和装饰牌这种有趣的物件是非常吸引人的。根据字体不同整体的氛围也不相同，能彰显房主的个性。铁艺栅栏是一种方便的道具，可以轻松地装饰墙壁空间，让植物的藤蔓缠绕在上面，还可以挂在墙面上或分隔空间等，装饰方式各种各样。从复古风格到当下流行的栅栏都能够轻而易举地找到，把水桶、洒水壶等园艺工具展示其上，更有意趣。富有质感的园艺工具让花园更加精致迷人。仅仅通过排列古色古香的铁器、石材、木材等，也能打造出精美的效果。不一定非要摆设从欧洲进口的古物，尝试使用日本的复古道具，会更加雅致、富有独创性。

○门牌、装饰牌

1. 烤漆涂料的铁制门牌。 **2.** 房主亲手做的工艺品风格的装饰牌。

○铁艺栅栏

1. 将复古栅栏立在白色的木制围栏处，营造出新怀旧风格。 **2.** 在风格雅致的墙面上竖立一个铁艺栅栏，仿佛身处欧洲一般。 **3.** 在铁艺栅栏上挂上花盆进行装饰。 **4.** 立起铁艺栅栏用于分隔空间。墙壁总给人一种拥堵闭塞之感，相反栅栏宽敞明亮，适配于任何场所。

○花园杂货

1. 甲板上的操作桌。不经意间设置的花园道具与整体十分相称。 **2.** 在铺好瓷砖的花园中心设置长椅和花盆。种植树木的花盆是比利时洗衣工厂常用的洗衣桶。 **3.** 作者家玄关前的空间。复古风格的装饰牌和混凝土制的蘑菇是花园的点睛之笔。 **4.** 花园的入口设置着插着油灯的大花盆。

造园方法 Making a garden 9

巧妙运用杂货的法国花园案例

○花园工艺品个性斐然

1. 屋顶处安装的防雨烟囱可视为花园工艺品。 2. 用木制的圣母像装饰花园。虽然是无意间摆放的，但其呈现的效果极佳。 3. 落地窗前立着烛台，好像在观察正在享受花园的人们。 4. 青蛙石雕工艺品。

用有趣的杂货装饰花园

法国人非常看重旧物。他们通常认为无论怎样的东西，越古老就越有价值。因此，即便是毫无用处的废品也不扔掉，大多还是摆在那里，不经意间将它们放在花园内，看起来却异常有意思。这些物品每一件都极具造型之美，既可以单独看作一件工艺品，久而久之也更具质感。花园整体给人稳重宁静的印象，有了杂货看起来会更漂亮。

我们不妨从奶奶的仓库里拿出火盆、生锈的农具等，用它们打造出一个独具匠心的花园吧。

○放入旧物古董

1. 水盆内的水生植物和金鱼。 2. 装饰着铁制或木制的鸟笼。 3. 将工厂的鞋楦用作花园的工艺品。 4. 养蜂箱。虽然是实际使用的东西，但它可爱的颜色令人着迷。5. 损坏的平板车放在原地，形成了雅致的风景。 6. 红色铁架和银色花园操作台，与绿色植物相互协调，极具魅力。

第 7 章

让自己舒适惬意的最低花园标准及植物养护

Simple cares for the making gardens and plants in order to make more comfortable.

植物本来就具备适应土地的能力，若加以人力进行管理，植物便能生长得更加茁壮。这里汇总了日常养护过程中必要的工具、简单的修剪方法、病虫害对策，以及栽培健康植物的技巧和知识。

用最低限度的管理打造美丽的花园
与花园一同生活的秘诀与重点

适当地进行必要的管理维护，其效果必然会呈现出来。当然，如果花园工作过于繁重，已经成为生活的负担，那就没有必要如此照料花园的植物了。下面将介绍日常生活中所需的最基本的植物管理法。

只需要你这样做即可
最基本的管理项目

植物的主要管理项目包括浇水、施肥、修剪这 3 项工作。植物种植过后，花草 2 周内、树木 1 个月内都需要进行定期浇水。夏季每天、春秋季节每隔 2~3 天充分浇水，2 周左右便能长出新根。之后可以适当调整，待土壤干了之后再浇水。种植较多树木时无须每天进行浇水，但草花的叶子一旦蔫了就要浇水。

肥料用营养均衡的有机固态化肥，每年施 3~4 次，需要定期施肥。与人类进食同理，植物一次能够吸收的营养成分也是固定的。原则上施肥以少量多次为宜，随着肥料在雨水中一点点溶解，效果也会维持下去。渐渐地微生物增多、蚯蚓增多，土质自然就变好了。若在洒水壶能够顾及的范围内，混合液态肥料浇水的话，植物的生长发育会大不一样。

常常听到“因为不知道应该剪哪里而觉得修剪很难”。对于种植空间来说，很明显长得过长、影响到活动路线时就修剪吧！根据树木品种的不同也有更细化的修剪方法，这里仅介绍一种简单的方法。

花园维护 Garden maintenance 1

树木的管理养护

简单修剪①

花谢时月季花枝的修剪

一般是剪掉花梗即可
生病时再进行强剪

花谢后过了 1 个月左右的月季“慷慨的园丁”。本应在休眠期的 1—2 月进行强剪比较好，但是大面积出现黑斑病，如果放任不管将会传染其他的月季，第二年还会再次患病，所以需要立刻进行强剪。而剪去交叉枝和花梗的弱剪，可不受季节影响随时进行。

1 剪掉受损枝

1. 剪掉枯枝、弱枝。2. 底部的粗枝要是看起来快要枯萎的话，应同样剪掉。3. 一边观察整体，一边剪掉枯枝。

2 剪去无用枝

1. 找出互相交叉的枝。
2. 在植物的分枝处剪掉交叉枝，留下另一枝。
3. 在枝条茂密的地方，留 2~3 节，其他的剪去。
4. 底部修剪完成。

3 剪掉顶部

1. 顶部剪掉无用枝。
2. 剪去触及屋顶的枝蔓。若患病严重的话，剪得再短一些也无妨。这个品种四季开花，待到秋季还会开花。如果是只开一季的月季，待长出叶子后也能为第二年的花芽提供营养。

4 修剪完成

修剪刚刚结束。枝蔓的牵引在 1 月进行。若想营造自然的氛围，不用特意牵引也可以。

简单修剪②

想控制树高时进行的修剪

芽是错开生长的。若保留向内生长的芽，枝条会拥挤，因此在向外生长的芽的上部进行修剪。

刚刚完成顶端部分的修剪。考虑与横向生长枝条的比例所以剪成这种形状。

在花芽的分化期
分清树木的修剪时间

树木有从哪里修剪皆可的品种和最好不修剪的品种。对于生长较快的树木来说，相对而言在哪里进行修剪都可以的树种较多，如符合以上条件的豆科、柳树类。

紫薇、木槿等夏季之后开花的植物，从春天开始在新枝上分化花芽，因此这类植物的修剪在冬天或在开花之后再进行也无妨。春季开花的植物在前一年的夏季之前分化花芽，因此要在花后立刻进行修剪。

简单修剪③

花谢过后对大花绣球的修剪

大朵花遇到强风被吹折断。

乔木绣球“安娜贝尔”的修剪

乔木绣球“安娜贝尔”从春天开始在新枝条上萌发花芽，因此在根部进行修剪也没关系。修剪的时间只要避开已经萌发花芽的春季，任何时间都可以。这里想让植株长得再大一些，所以围绕着顶端花朵被折断的区域进行修剪。第二年若想要缩小植株的生长范围，冬季在根基部位修剪即可。

1 剪掉有花的茎

为了株型更丰满，在底部 2~3 节处进行修剪。这时无论怎样修剪都不会失败。

2 修剪完毕

剪掉沉甸甸的花朵之后看起来很整洁。剪掉的花收集起来可作为干花。

简单修剪④

栎叶绣球的修剪

尽量不剪到分化的花芽

栎叶绣球和大花绣球在花凋谢之前就从开花处的下方开始分化花芽。如果剪掉分化的花芽，第二年便不会开花。因此想要修剪的话，需要在开花期进行。栎叶绣球生长缓慢，一般无须进行修剪，但若看到有枯萎的花，剪掉花梗即可。大花绣球则通常需要对一半的枝进行强剪，保留另一半不修剪，这样一来无论是今年的花还是明年的花都能够尽情观赏。

已经能看到花芽的生长

花色变化的趣味

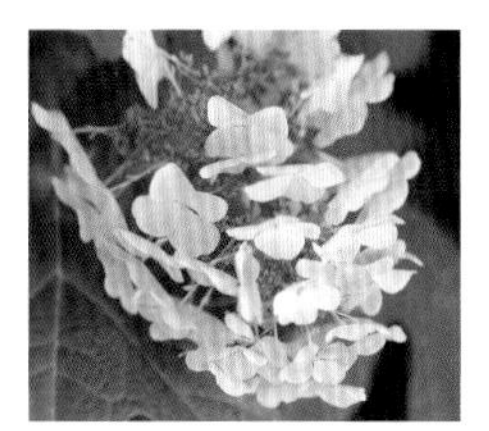

欣赏"安娜贝尔"花色变化的过程也是十分有趣的。刚长出花时是绿色的，开花时变为白色，一个月之后又逐渐变成绿色，两个半月后花朵枯萎，花色变为茶色。

保留花芽，剪掉已经开过的残花

简单修剪⑤

迷迭香的管理

木质化香草植物在新芽的上部进行修剪

在香草类植物之中，多年生草本植物瓜拉尼鼠尾草、香蜂花、牛至等，从根部进行修剪也无妨。但是木质化的迷迭香、薰衣草、普通鼠尾草等必须在长出新芽的梢处进行修剪。

花园维护 Garden maintenance 2

让草坪茁壮生长的管理方法

种植的草坪需注意杂草！

因为刚刚种植的草坪容易长出杂草，所以看到杂草长出时需尽早拔除。半年后草坪的根部成活后，杂草便难以生长。草坪越长对潮湿闷热的耐受性越差。陆续进行割草改善通风，草叶会变密，草坪也变得强健。若草坪内出现凹陷、受损，冬季提前撒入过筛土，第二年便会在过筛土内发芽。细叶结缕草在冬季时叶子会枯萎，但可以在9—10月追加播种草地早熟禾，这样冬天也能欣赏到一片绿色。但是这种方法会损伤原本的草坪，夏季时草地早熟禾草坪也会完全消失，需要每年进行播种。

花园维护 Garden maintenance 3

多年生植物、宿根植物、球根植物、多肉植物的管理

符合植物生长规律的管理方式

像玉簪、箱根草等宿根植物长大到一定体量后再进行修剪，几年后植株生长得茂密起来，在休眠期进行分株即可。花开过后剪下花梗，会减少植株的负担，外观看起来也会更加清新自然。

像百子莲、铁筷子等常绿多年生植物的修剪，通常在春天之后天气暖和的时候进行。银叶系植物不耐潮湿闷热，因此在入梅时分进行修剪，可以预防潮湿闷热。

春季开花的球根植物在初秋时分种植。绵枣儿、花韭、水仙、葡萄风信子这些植物，花开过后依然可以进行光合作用，向球根处输送营养。但是水仙的叶长得过长时会变得邋遢累赘，剪掉上半部分保留一半也无妨。水仙、夏雪滴花经过 1 年的生长，其球根的数量会增长 2~3 倍。每隔 3~4 年需要挖出一次，进行分球后再重新种植。秋季开花的紫娇花、石蒜等春季种植的球根植物，种植过后无须管理就能开得很好，但是大丽花、唐菖蒲耐寒性较差，很难在露天土地过冬，需要在冬季来临之前将其移走。

花园维护 Garden maintenance 4

花园的管理年历

1 修剪的维护管理时期

常绿树
树枝长得过长时，在 6—7 月或 10—11 月内任意时间点，每年进行一次修剪。

落叶树
长得过长的部分或春季开花的部分，在第二年开花之前的 5—6 月进行修剪。落叶树一般来说在 12 月至来年 2 月对拥挤的枝条进行修剪。

月季
生长过长的杂乱分枝、残花、黑斑病的叶子在 7 月进行修剪。有必要进行的牵引工作，要在 12 月至来年 2 月枝蔓不易折断的时期与修剪同时进行。

多年生植物
6—7 月回剪生长过长的部分。特别是不耐闷热潮湿的香草类植物及银叶系植物，需要在梅雨前对其生长过长的部分进行回剪，以确保植株通风良好。10—11 月再次对生长过长的部分进行回剪。

树篱
6—7 月、11 月至来年 2 月进行修剪。树篱或间隔用的树木在要求的时间段内每年最少修剪一次，一年进行两次修剪能够保证其整齐的效果。

2 施肥的维护管理时期

在 2—3 月、5—6 月、9—10 月，每年分 3~4 次施加缓释肥。一年生植物及野菜在生长期施加液态肥效果会更好。

有机肥料
缓释肥包括合成肥和有机肥两种，但是更推荐可以让土质变得更好的有机肥。

自然农药颗粒
与苦楝成分相同、具有防虫效果的颗粒，撒入土壤后，植株渐渐从根部吸收其养分。

3 树木及幼苗的栽种

- 3—5 月栽种从春季生长到夏季的一年生植物，以及春季种植的球根植物。
- 从冬季生长到来年春季的一年生植物在 11 月左右栽种最为合适。太早的话，跨年之前便会长长；太冷的话，植物在成活之前就会受损。
- 秋季种植的球根植物也在 10—12 月栽种。

花园维护 Garden maintenance 5

了解病虫害，培育美丽的花园

虫害①

树木上容易滋生的害虫

不选容易滋生害虫的树木是成功打造花园的秘诀

不论什么品种的树木都会生虫害，但是长虫的频率、虫害的性质根据树种各不相同。关键是不选择容易滋生对人体产生直接危害的害虫的树木。像山茶、茶梅、夏椿等植物容易生人被蜇一下便奇痒难忍的茶毛虫，不推荐有孩子的家庭种植。樱花树或李子树易生毛虫，荚蒾易生青虫，柊叶槭易生天牛类幼虫，经常要撒药驱虫，这样一来造园毫无乐趣，因此还是尽可能地选择不易生虫害的树种吧！

月季 ◀◀ 切叶蜂

不伤人，发现后立刻捕杀

成虫的长度约为 2cm，腹部为橙色，背部为黑色。切叶蜂通常将卵产在植物茎上。4 月之后到初秋时分大概会产卵 3~4 次。幼虫会藏在土中以虫茧的模样过冬，发现后立刻捕杀即可。

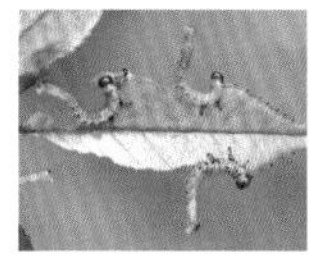

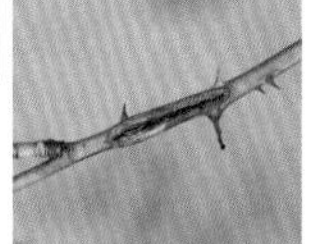

幼虫出现后留下的痕迹

加拿大唐棣
七叶树
白鹃梅 ◀◀ 黄刺蛾

被咬之后会伴随刺痛感

黄绿色的毛虫附着在叶子背面。幼虫喜欢聚集，随着幼虫的生长其影响范围随之扩大。5 月之后通常会出现 1~2 次虫害，见到后应立刻捕杀。发生虫害当年的冬季，枝干上若发现半球状的茶色虫茧，应将其直接扫落。

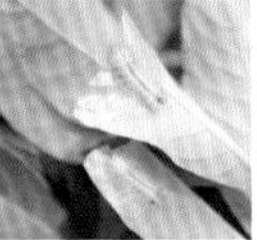

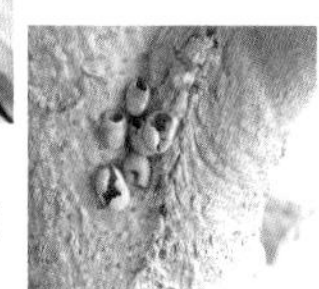

黄刺蛾破茧而出的痕迹

香桃木
迷迭香 ◀◀ 叶螨（红蜘蛛）

7 月之后高温干燥时容易滋生

叶螨耐水性较差，定期向叶子背向喷水，可以有效减少寄生数量，从而起到防虫的作用。虽然大量生虫植物也不会枯萎，但是植株会变得衰弱，进而影响视觉效果。在常绿树上大面积出现叶螨时，可以剪掉枝干或使用专门药剂消杀。

被叶螨蛀过的叶子

月桂
月季 ◀◀ 蚧壳虫

发现之后用牙刷刷落

蚧壳虫会吸食植物的汁液，对植物的生长发育产生恶劣的影响，一旦寄生数量增多，便会危及新梢、新叶的生长，造成枝干的枯萎。害虫的排泄物会繁殖煤污病真菌，导致叶子变黑、植株生长恶化，但发生频率并没有那么高。

油橄榄
无花果
枫树

◀◀ 象鼻虫
天牛类幼虫

若发现树干根部有碎木屑需要注意

若发现了碎木屑以及成虫，观察树干根部一带，如果有 5~10mm 的小洞，立刻向洞内注入杀虫药剂灭虫。若发现得不及时，植物导管受损后便会突然枯死。4 月之后到初秋这段时间是高发期。

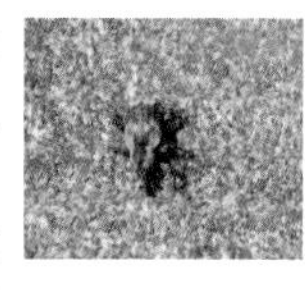

象鼻虫

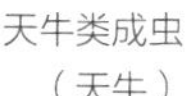

天牛类成虫
（天牛）

其他木本类植物

◀◀ 蛴螬

让树木枯萎的金龟子的幼虫

蛴螬潜藏于土壤之中，蚕食植物的细根。盆内种植时，若突然发现植株地上部分开始枯萎，可以将其挖出杀死，或者将花盆放入盛满水的水桶中半天时间将其淹死。地面种植时虽然会出现同样的症状，但由于捕杀较难，因此虫害严重时可使用专用药剂。

虫害②

果树上容易滋生的害虫

不要忘记果树容易生虫

培育果树的人都不想使用农药。但是，能够被称之为果树的树木，全部都是虫子喜欢的品种，充分认识到这个问题之后再去种植果树吧！柑橘类的果树必然会长凤蝶的幼虫，桃树、西梅树一定会长蚜虫，但若是不伤及果肉便可宽容对待。

葡萄
黑莓

◀◀ 金龟子

见到金龟子立刻捕杀

金龟子常见于 5 月之后，会蚕食树叶，通常在土内产卵。虽然对人体没有危害，但由于每年的情况不同，存在虫害泛滥的可能，对果树的生长而言建议捕杀。目前也有专用药剂，所以因叶被蚕食而枯死的树木较少。月季、樱花树上也会有。

虫害③

花草上容易滋生的害虫

通过日常观察将危害控制在最小限度

花草可以说是必然会滋生虫子的植物。大多数的害虫幼虫经过孵化后，并不会立即扩散蔓延，而是聚集起来，因此在早期发现的话，便能够将危害控制在最小限度。花草与树木不同，害虫容易看得见，在日常浇水的时候进行观察，及时发现及时处理吧！另外，花草上滋生的害虫几乎不会对人有害，将农药药剂作为最后的解决手段即可。

冰生溲疏
月季
木槿等灌木花草

◀◀ 蚜虫

肥料中的氮含量较多时容易滋生

4—6 月、9—11 月时段滋生蚜虫的可能性较大。要是少的话可以直接用手碾碎，或者连同茎部一起剪掉。值得注意的是，要是有一只它的天敌——瓢虫的话，数千只的蚜虫便会被消灭。

普通草花

◀◀ 甘蓝夜蛾

甘蓝夜蛾的幼虫对植物有伤害，成虫是灰褐色的蛾子

因为夜蛾会在叶的内侧产下茶色的卵块，所以发现之后需要连同叶子一起剪掉。生长的时候会在土中形成虫蛹进而长成成虫。可以在早晚害虫出现的时候或者植株的浅根部进行搜寻、捕杀。

病害①

树木、花草容易患的病害

不健康的生长状态更容易患病，可通过修剪和适量施肥来保持良好的健康状态

在与植物理想种植地相差悬殊的生长环境中栽种时，植物更容易患病。从高温高湿的 6 月开始，多发的病害可以通过修剪来改善通风条件或者通过洒水来改善。适量施肥可以为植物补充营养，提高耐病性，但是氮含量过多或者使用并不成熟的肥料都会成为生虫的原因。可以用苦楝油或木酸液等预防，实际发生病害时较早地进行修剪或使用天然农药。农药药剂通常是最后才会采取的手段。

月季 ◀◀ 黑斑病

受土壤中的细菌感染

黑斑病也叫“黑星病”，是蔷薇属植物中极容易患的病害，多因土壤中的细菌飞散感染而患病。患病时需要将病枝全部切除，注意防止落叶残留在土中。即便多少留下一点残叶，对第二年开花的影响也并不大。

四照花
月桂
其他木本植物 ◀◀ 煤污病

注意吸汁性害虫的发生

煤污病是蚜虫和蚧壳虫的排泄物上寄生着的黑色霉菌所呈现出覆着一层煤烟的状态，因此抑制上一阶段虫害的发生是解决问题的重点。高温干燥期发生频繁。煤污病发生后擦拭一下霉菌即可擦落，切除修剪同样有效。

四照花
橡木等
多数木本类花草 ◀◀ 白粉病

7 月之后发病率激增

高温干燥天气较多、氮含量过高或光照不足、通风条件较差等原因会引发白粉病。树木患病时虽不会枯萎，但对花草的影响较大。将醋进行 50 倍以上的稀释，每隔 3~4 日喷洒一次，有一定的缓解效果。提前喷洒木酸液、苦楝油等更有效。

其他症状①

因营养不足造成的问题

叶子是植物健康的“晴雨表”

植物与人类一样需要一定的营养。特别是月季及果树的生长会消耗一定的“体力”，因此需要大量的肥料养分。叶色变淡、变黄时，可以将少量的肥料分多次进行施肥。

1. 种在容器内，肥料有些不足的亚洲络石。 2. 氮含量有些不足的四照花。 3. 在黏土土壤中根部活力不足的百里香。 4. 肥料不足的柠檬。必须施加缓释肥。

其他症状②

受损时的状态

夏季的西晒、冬季的寒风冰霜会让叶片受损

耐寒的落叶树经受不了盛夏西照的强光，一旦土壤中的水分不足便会引发焦叶问题。相反，非耐寒性树木会因寒风、冰霜造成叶面损坏、受伤。之后，也会自行落叶适应环境，并进入休眠状态。

1. 因夏季光照造成叶面受损的紫丁香。
2. 如此情况最好将叶子完全剪掉。
3. 水分未向上传输的藤蔓。

花园维护 Garden maintenance 6

打造美丽花园所需的辅助工具

维护工具①

使用方便的园艺工具

用最基本的工具维护花园与植物

在花园的维护管理中，必备的园艺工具并不多。修枝剪及园艺剪用于剪枝和摘取花梗。喷壶及喷雾器用于喷洒木酸液。棕榈绳子及麻绳用于固定支柱或牵引。最初可以使用这里介绍的基本工具，之后根据需要再增加即可。

1 喷雾器

4月上旬到中旬开始出现青虫，因此需要预防性地每周喷一次天然农药、苦楝油、木酸液、除虫菊等。

2 喷壶

与喷雾器的使用目的相同。喷雾器可以喷到较高的位置或用于大型树木等。喷壶用于喷洒花草。防治蚜虫时可以喷些牛奶、肥皂水。

3 棕榈绳子

用于捆扎固定树木的支柱或修剪的枝干，或牵引移动等。由于棕榈绳子具有耐久性，因此以用于树木为主。

4 麻绳

用于牵引花草。有时也会用塑料袋，但是麻绳更有质感且不会缠入茎中。几乎没有耐久性，因此随着时间的推移容易断裂。

5 手套

在修剪带刺蔷薇属植物的枝干时佩戴，是一种适合进行细致作业时使用的工具。内侧表面是橡胶，外侧手背是布料，通风性较好且使用方便。

6 修枝剪

单刃的类型可以剪掉 2cm 左右树枝。修剪花梗、细枝或枝干时更适合用园艺剪。两把分开使用会更好。

7 锯子

面对修剪时剪不动的粗枝，可以用锯子锯除。有时也用来锯作为支柱的竹子等，有一把就够了。

8 扫帚、簸箕

根据种类不同有相应的使用用途。竹制扫帚用于扫砂石上的落叶，细小的东西用棕榈扫帚。清扫剪草坪后的杂草时用耙子更方便。

维护工具②

木材的防腐对策及重新粉刷水性涂料时

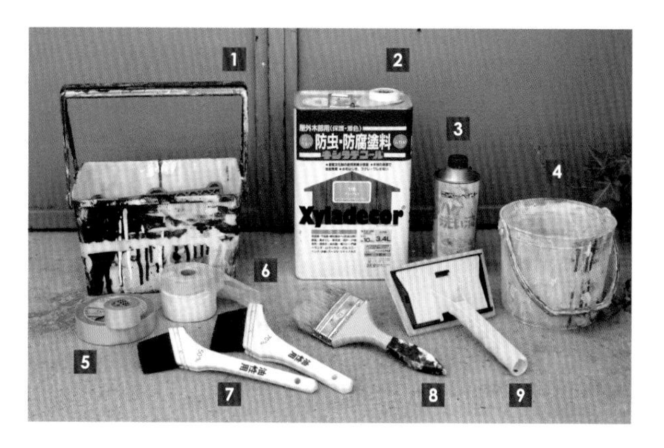

爬藤花架、大门、栅栏等地的修整

维护木制建筑物时使用的工具。由于日本降雨量多且湿度较大，因此对甲板的顶板、栅栏的横梁、支柱的根部附近定期进行重新粉刷，耐久性会增强。防腐剂每两三年涂一次较为理想。日渐腐朽的复古氛围也不错，但如果重视耐久性的话，最好每两三年重新粉刷一次。

1 滚筒刷吊桶

盛放涂料的箱型容器。桶内设有一张网，用来区分剩余的涂料和沾过毛刷或海绵抹泥板的涂料。常与海绵抹泥板组合使用。

2 防腐剂

防腐剂（防腐涂料）分为油性和水性两种，油性的渗透力更好。颜色丰富，种类众多，混合使用也可以。图中是油性防腐剂。

3 油漆清洗液

在使用完油性防腐剂后，清洗毛刷时使用。毛刷用油漆清洗剂清洗过后，再用水清洗，毛刷则不易变硬。

4 漆桶

方便携带，在零散的地方粉刷涂料时使用。使用时在其中放入专用的量杯盒，可将涂料进行细分，使用方便。

5 纸胶带

除了用于涂装以外还有很多类型，图片中的黄色胶带是纸质的，用于涂装。绿色胶带是聚乙烯材质的保护胶带，常用于临时固定等。

6 胶带保护膜

胶带的一侧带有一层叠着的塑料，展开后可以对胶带起到保护作用。图片中的胶带保护膜宽幅约为 1m，除此之外种类丰富。

7 斜刷（分为油性涂料用和水性涂料用的）

易于粉刷细小零碎的地方，是毛刷中最常用的。有水性、油性、万能三种，在粉刷栅栏和甲板时，大小毛刷各有一把即可。

8 平刷

粉刷面积较大的地方时使用的工具，但是随着海绵抹泥板和滚筒刷的使用量增多，逐渐不被人们所使用了。可用于涂装前的清扫和做旧工作。

9 海绵抹泥板

最适合用于粉刷木材着色剂。木材着色剂粉刷过后，需要用布擦去多余的涂料，而不是使用海绵抹泥板。

维护工具③

木制甲板及备件等的小修补

尝试亲手进行简单的修补！

想对储物仓库、甲板、花园家具等进行轻微修补，以及想在架子上安装钩子和装饰板的时候，或想要用小零件进行装饰的时候使用。木甲板是木质材料，历经几年之后可能会裂开、长倒刺，此时可以用砂纸将其打磨光滑。若木门出现变形，重新安装固定五金件即可！

1 螺钉类

螺钉用于安装攀缘植物所需的牵引材料、架子以及钩子等。在外部使用不锈钢螺钉。

2 电钻

安装螺钉时使用。除了用于固定之外，若改变刀头还可用于打孔，以及对简单的木制品进行维修，使用起来非常方便。

3 砂纸

用于打磨修复甲板、栅栏等木制品的木刺、毛边。型号数字越小，粒号越粗。（#60~#400）

4 磨光机

用于大面积的打磨抛光。也可用于涂装前旧涂料的磨除及基础打磨工作。角落部分可用砂纸打磨。

NIWA TO KURASEBA BROCANTE style no niwa dukuri

This book was first designed and published in Japan in 2012 by Graphic-sha Publishing Co., Ltd.
This Simplified Chinese edition was published in 2022 by China Machine Press

Original edition creative staff
Book design: Yurie Ishida, Ayano Minami (ME&MIRACO)
Photos: Yukihiro Matsuda (Photos at France and structures, etc), Chiaki Hirasawa
New gathering, Text: Chiaki Hirasawa, Natsumi Mamiya
Translation: Takako Motoki
Editing: Harumi Shinoya

Special thanks
GOUTA
HUTS (Yutaka Arakawa)
sabiconia (Shigeo Higashihara)
fischio (Kenji Yamoto)
GARDEN-BLOOD (Takeshi Nakai)
Tamategumi
「BROCANTE」

BROCANTE
152-0035 東京都目黒区自由が丘 3-7-7
tel&fax.03-3725-5584

BHS around
224-0033 神奈川県横浜市都築区茅ヶ崎東 5-6-14
tel & fax.045-941-0029

北京市版权局著作权合同登记　图字：01-2021-0629 号。

图书在版编目（CIP）数据

与植物一起生活：从零打造复古风花园 /（日）松田行弘著；花园实验室组译；周百黎，王丹，亦尘译. — 北京：机械工业出版社，2022.3
ISBN 978-7-111-69944-6

Ⅰ. ①与… Ⅱ. ①松… ②花… ③周… ④王… ⑤亦… Ⅲ. ①庭院 - 园林设计 - 日本 Ⅳ. ①TU986.631.3

中国版本图书馆CIP数据核字（2021）第279297号

机械工业出版社（北京市百万庄大街22号　邮政编码100037）
策划编辑：马　晋　　　　责任编辑：马　晋
责任校对：孙莉萍　张　薇　　封面设计：张　静
责任印制：郜　敏
北京瑞禾彩色印刷有限公司印刷

2022年3月第1版第1次印刷
187mm × 240mm · 12印张 · 165千字
标准书号：ISBN 978-7-111-69944-6
定价：98.00元

电话服务　　　　　　　网络服务
客服电话：010-88361066　机 工 官 网：www. cmpbook. com
　　　　　010-88379833　机 工 官 博：weibo. com/cmp1952
　　　　　010-68326294　金 书 网：www. golden-book. com
封底无防伪标均为盗版　　机工教育服务网：www. cmpedu. com